目で見てわかる
はんだ付け作業の
実践テクニック

Visual Books
ビジュアル・ブックス

野瀬昌治 ───── 著
Nose Masaharu

日刊工業新聞社

はじめに

はんだ付けの業界は不思議な業界です。電気製品を製造している企業であれば、必ず使われる技術である「はんだ付け」は、ものづくりでは、根幹技術といっても過言ではありません。また、「はんだ付け」は特殊工程に位置づけられており、はんだ付け作業に携わる人のスキルによって、品質が大きく左右されるという認識の下、はんだ付け作業は、「教育を受けた者」あるいは「資格をもった者」が行うべし‥と定めている企業が大多数です。

ところが実態はどうか？というと、はんだ付けに関して正しい基礎知識を学んだ上で、はんだ付け作業を行っている方というのは、たいへん少ない‥というのが現実です。

はんだ付けは、比較的簡単に「金属を溶かして固める」という体験ができることもあって、学校教育でもよく取り上げられる教材です。また、見よう見まねでも金属を溶かして固めることが可能なため、まずは「とりあえずやってみよう！」ということになることが多いようです。

このため、はんだ付け作業について誤解、勘違いする人が多く、ハンダゴテやコテ先の選択ひとつとっても、無頓着な人が大多数を占めます。このため、前著『目で見てわかるはんだ付け作業』と、同『鉛フリーはんだ付け編』では、主に道具選びやはんだ付け条件などについて正しい基礎知識を学んでいただけるよう注力しました。本書でも、可能な限り誤解、勘違いが起こらないように、わかりやすく表現しましたが、技術や方法論だけをとってみると、どうしても誤解、勘違いが生じる恐れがあります。前著の2冊を、まだお

読めでない方は、ぜひご覧いただくことをおすすめします。

　というのも、はんだ付けはハンダゴテとコテ先を選んだ時点で「そのはんだ付けが成功するかどうかは決まっている」くらい、道具選びが非常に重要だからです。とくに極度に小型化した電子部品と、鉛フリーはんだに対応するには、この傾向がより顕著になってきています。

　はんだ付けがうまくできないのは、自分の腕が未熟なせいだと考えている人が多いですが、実は道具選びが適切でないことがほとんどです。正しい道具をご用意いただいた上で、本書を読み進めていただければ幸いです。必ずやはんだ付けの技術が身につくはずです。

　なお、本書は、鉛フリーはんだを使用することを前提にしておりますが、鉛入りの共晶はんだでも同じように扱うことが可能です。

　最後に本書の刊行に際して、執筆の機会をいただいた日刊工業新聞社の奥村功出版局長、構成・編集上のアドバイスをいただいたエム編集事務所の飯嶋光雄氏、また本文デザインをご担当いただいた志岐デザイン事務所の大山陽子氏に謝意を表します。

2016年5月　　　　　　　　　　　　　　　　　　野瀬昌治

目で見てわかる「はんだ付け作業の実践テクニック」—目次

はじめに　　　　　　　　　　　　　　　　　　　　　　1

第1章　最適なはんだ付け条件

 1-1　ハンダゴテの選択　　　　　　　　　　　　　8
 1-2　コテ先の選択　　　　　　　　　　　　　　10
  （1）本書で使用したハンダゴテとコテ先　　　11
  （2）本書の撮影に使用したハンダゴテ　　　　12

第2章　コテ先のメンテナンス

 2-1　コテ先の酸化　　　　　　　　　　　　　　16
 2-2　良いコテ先状態を保つための注意点　　　　17

第3章　ラグ端子へのリード線はんだ付け

 3-1　端子とリード線のはんだ付け　　　　　　　22
 3-2　リード線の被覆を剥ぐ　　　　　　　　　　23
  （1）リード線の芯線の損傷　　　　　　　　25
  （2）リード線の被覆　　　　　　　　　　　26
 3-3　芯線のねじり具合　　　　　　　　　　　　27
 3-4　ラグ端子へのカラゲ　　　　　　　　　　　28
 3-5　ハンダゴテとコテ先の選択　　　　　　　　30
 3-6　母材の固定　　　　　　　　　　　　　　　31
 3-7　はんだ付け作業　　　　　　　　　　　　　33
  （1）ハンダゴテの持ち方　　　　　　　　　33
  （2）熱を伝えるためのはんだ　　　　　　　35
  （3）はんだ付けのスピード　　　　　　　　36
  （4）糸はんだの適切な供給量　　　　　　　38

第4章　Dサブコネクタへの
　　　　　リード線はんだ付け作業

- 4-1　正しく美しく強固なはんだ付け　　　　　　　42
- 4-2　リード線の被覆を剥ぐ　　　　　　　　　　　43
- 4-3　より線への予備はんだ　　　　　　　　　　　45
  - （1）より線の太さがカップ端子の穴径
        ギリギリの場合　　　　　　　　　　　　46
  - （2）より線がカップ端子の穴径に対して
        極端に細い場合　　　　　　　　　　　　47
- 4-4　ハンダゴテとコテ先の選択　　　　　　　　　50
  - （1）必要な熱量　　　　　　　　　　　　　　50
  - （2）母材の固定　　　　　　　　　　　　　　50
  - （3）糸はんだの太さの選定　　　　　　　　　52
- 4-5　はんだ付け作業　　　　　　　　　　　　　　53
- 4-6　はんだ付け不良の例　　　　　　　　　　　　58

第5章　チップ抵抗、チップコンデンサ
　　　　　の表面実装

- 5-1　表面実装用チップ抵抗のはんだ付け　　　　　62
- 5-2　基板の確認（基板のランド面の確認）　　　　63
- 5-3　ハンダゴテとコテ先の選択　　　　　　　　　65
- 5-4　チップ抵抗のはんだ付け作業　　　　　　　　67
  - （1）糸はんだの太さの選定　　　　　　　　　67
  - （2）コテ先温度　　　　　　　　　　　　　　67
  - （3）2つのランドの片側に予備はんだ付け　　68
  - （4）仮はんだ付けの手順　　　　　　　　　　69
  - （5）本はんだ付けの手順　　　　　　　　　　72
  - （6）フラックスの掃除　　　　　　　　　　　74
- 5-5　はんだ付け不具合の例　　　　　　　　　　　75
  - （1）はんだの量が多すぎる　　　　　　　　　75

　　　　(2) はんだの量が少なすぎる　　　　　　78
　　　　(3) オーバーヒート　　　　　　　　　　79
　　　　(4) 熱量不足によるイモはんだ(なじみ不足) 80
　　　　(5) 部品の交換修理(部品の浮き、ずれ、破損) 81
　　　　(6) 修正後のチェック　　　　　　　　　82

第6章　SOP、QFPの表面実装

　6-1　SOP、QFPのはんだ付け　　　　　　　84
　6-2　基板の確認
　　　　(基板のランド面、熱の逃げ道の確認)　　86
　6-3　ハンダゴテとコテ先の選択　　　　　　　88
　6-4　SOP、QFPのはんだ付け作業の注意点　　91
　　　　(1) 糸はんだの太さの選定　　　　　　　91
　　　　(2) 予備はんだ　　　　　　　　　　　　91
　　　　(3) 位置決めと仮はんだ付け　　　　　　93
　　　　(4) 本はんだ付け　　　　　　　　　　　96
　6-5　SOPのはんだ付け
　　　　(D型コテ先を使用した場合)　　　　　　98
　　　　(1) 作業の手順　　　　　　　　　　　　98
　　　　(2) 良好なはんだ付けのコツ　　　　　　104
　6-6　QFPのはんだ付け
　　　　(D型コテ先を使用した場合)　　　　　　106
　6-7　はんだ付け不良の例　　　　　　　　　　110
　　　　(1) ショート(短絡)、ブリッジ　　　　　110
　　　　(2) 熱不足、はんだ量過少、バックフィレット
　　　　　　の未形成　　　　　　　　　　　　114
　　　　(3) はんだ量過多　　　　　　　　　　　115
　　　　(4) オーバーヒート　　　　　　　　　　116
　　　　(5) はんだボール、はんだクズ　　　　　117
　　　　(6) 端子の曲がり、ランドの剥離　　　　117
　　　　(7) フラックスの掃除　　　　　　　　　118

第7章　リード挿入部品（アキシャル・ラジアル・DIP）のはんだ付け

7-1	強固で美しいはんだ付けを行うポイント	120
7-2	基板の確認（基板のランド面の確認）	122
7-3	ハンダゴテとコテ先の選択	123
7-4	抵抗リード（アキシャル抵抗）のはんだ付け	124
	（1）糸はんだの太さの選定	124
	（2）コテ先温度	124
	（3）予備はんだ	124
	（4）基板へのリード挿入 　　（部品を基板に搭載する）	126
	（5）はんだ付けの前に行うリードカット	129
	（6）はんだ付け作業の手順	131
7-5	フラックスの掃除	134
7-6	はんだ付け不具合の例	135
	（1）はんだ量過多	135
	（2）はんだ量過少	136
	（3）オーバーヒート	137
	（4）熱量不足によるイモはんだ（なじみ不足）	138
	（5）スルーホールのはんだ上がり不足	139

あとがき　　　　　　　　　　　　　　　　141

ひとくちコラム
　・減少し続ける「はんだ付け職人」　　　14
　・コテ先のクリーナ　　　　　　　　　　20
　・はんだ付けの姿勢・構え、環境　　　　32
　・未来のハンダゴテ　　　　　　　　　　40
　・金めっきとはんだ付けの関係　　　　　60

索引　　　　　　　　　　　　　　　　　142

第1章

最適なはんだ付け条件

①-① ハンダゴテの選択

　はんだ付けの接合原理については、前著『目で見てわかるはんだ付け作業』（日刊工業新聞社発行）でも説明していますが、要するに、はんだ付けは「スズと銅の合金層」（金属間化合物）によって接合されています。単に金属を溶かして固めることで接合しているわけではないので、この「スズと銅の合金層」を形成するためには、適切な温度条件が必要になります。

　その温度条件とは「はんだを約250℃で、約3秒間溶融させる」というものなのですが、図1.1に、はんだ付け接合温度と接合強度の関係を示します。このように説明すると、「高温のハンダゴテでササッと、はんだの温度が上がる前にはんだ付けを終わらせてしまえばよいのではないか」と考える人がいます。

　ところが、高温になったコテ先は大気に触れると酸化します。はんだ付けの世界には、「360℃の壁」という言葉があり、360℃を超えたコテ先温度で酸化したコテ先は、容易に酸化膜を除去できないため、「ハンダゴテは、360℃を超える高温のコテ先温度では使用しない方がよい」

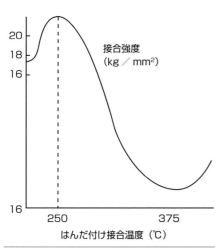

図1.1　はんだ付け接合温度と接合強度の関係
　　　（電気通信大学　電子工学科　実験工学研究室データ）

　上記の2つの条件を考え合わせると、母材と溶融はんだの温度を約250℃まで温めるのに最適なハンダゴテとは、「温度調節機能つきのハンダゴテを、コテ先温度340〜360℃にコントロールして使用するのがよい」といえるでしょう。

という、あまり知られていない定説があります（ハンダゴテメーカやコテ先製造メーカでは知られています）。

図1.2のように、酸化膜に覆われたコテ先は、はんだに濡れないため（はんだを弾いてしまう）、溶融したはんだを導熱体として熱を効率よく伝えることができません。したがって、はんだ付けに適したハンダゴテは、コテ先温度が360℃以下にコントロールされていることが望ましいわけです。

また、はんだ付けの最適温度「はんだを約250℃で、約3秒間溶融させる」を逆に勘違いをして、コテ先温度を250℃に設定する人もいます。こうした人は、母材からの熱の逃げと、フラックスが活性化している時間の短さを考慮できていません。250℃のコテ先をはんだ付けをしたい電子部品や基板（以下、母材）に押し当てても、母材からは、熱伝導で熱が逃げていくため、母材や溶融はんだの温度を250℃まで上昇させることはできません。

また、フラックスは約90℃ではんだをより早く溶けて活性化して蒸発します。フラックスが蒸発してしまうまでの数秒間に、母材と溶融はんだの温度を250℃に上昇させて、はんだ付けを完了させなければなりません。

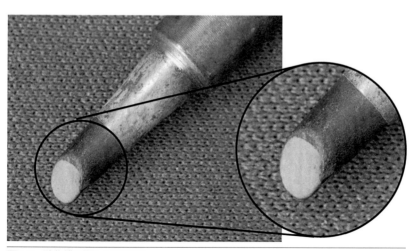

図1.2　酸化膜に覆われたコテ先

1-2 コテ先の選択

　はんだ付けを成功させるには、コテ先選びがとても重要です。というのも、フラックス（はんだ付けに必ず必要な溶剤）は、図1.3のように、糸はんだにチューブ状（ごぼう天のように）に内包されているからです。

　このため、はんだ付けに使用できるフラックスの量は限られており、前述したように、ハンダゴテで加熱を始めると、図1.4のようにフラックスは煙となってどんどん蒸発していくので、フラックスが活性化して働いている時間は、数秒間しかありません。

　ということは、この数秒間の間にはんだ付けを完了させる必要があるわけです。そのためには、ハンダゴテの熱を効率よく母材（はんだ付け対象物）に伝える必要があり、母材と直接接触して熱を伝えるコテ先の形状選びは、とても重要になります。前著『目で見てわかるはんだ付け作業』でコテ先の形状の違いについては説明していますが、本書では、代表的な電子部品に対して、効率よく熱を伝えることのできるコテ先を選択して記していますので参考にしてください。

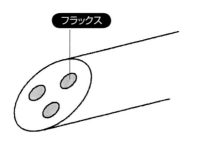

図1.3　糸はんだに入っているフラックス

図1.4　煙となって蒸発するフラックス（※この写真は作業者の正面から撮影しています）

　はんだ付けの難易度はハンダゴテの性能によって大きく左右されます。特に鉛フリーはんだを使用する場合や、微細な部品を熱容量の大きな基板に実装するような用途で顕著に現れます（前著『鉛フリーはんだ付け編』参照）。

(1) 本書で使用したハンダゴテとコテ先

　参考のため、本書で使用したハンダゴテとコテ先を記しておきます（2016年3月現在）。必ずしも同じハンダゴテを使用する必要はありませんし、同等の性能をもつハンダゴテなら、同じようにはんだ付けが可能です。

　たとえば1005（1mm×0.5mm）サイズのチップ部品をGNDパターンに近いところにはんだ付けするような、難易度の高いはんだ付けの場合に（図1.5参照）、如実にハンダゴテの性能の差が表われます。逆に、さほど難しくないはんだ付けの場合は、ハンダゴテの性能の差異は体感できないので、さほど高性能なハンダゴテは必要ありません。はんだ付けの対象物によって、ハンダゴテは選択してください。

図1.5　1005サイズのチップ部品をGNDパターンにはんだ付け

カタログを比較するだけでは、ハンダゴテの性能の差はわかりません。新しくハンダゴテを導入する場合は、ハンダゴテメーカに相談の上、デモ機を借りて試してみることをおすすめします。同時にコテ先も何種類か一緒に借りて試してみることで、自分の求めるはんだ付けが可能かどうか比較検討することができます。

(2) 本書の撮影に使用したハンダゴテ

①HAKKO　888D(セラミックヒータ式、図1.6参照)：コテ先温度340℃設定で使用。

　コテ先(**図1.7**)T18-2C、T18-3C、T18-d24(2.4D)。

図1.6　888D(セラミックヒータ式)

T18-2C

T18-3C

T18-2.4D

図1.7　コテ先

②METCAL　MX-5200（高周波ハンダゴテ、図1.8）、ホルダ　MX-H1-AV
　コテ先（図1.9）　STTC-J0002（2C）、STTC-J0003（3C）、STTC-036（2.5D）。
　コテ先温度は352℃（キュリー点）。

図1.8　MX-5200

STTC-J0002（2C）

STTC-J0003（3C）

STTC-036（2.5D）

図1.9　高周波ハンダゴテ先

> ひとくちコラム

減少し続ける「はんだ付け職人」

　近年、電子機器は小型軽量化が進み、使用されている電子部品も小型化・高密度化が極度に進んできています。電子機器に使用される、プリント基板の実装は、最新鋭のコンピュータで制御された自動機による、大規模な設備によって量産が行われており、全長が20mを超えるような設備ラインも珍しくありません。

　しかし、たとえば試作で基板を1枚だけ実装する必要が生じたときには、この極度に小型化した電子部品と自動実装が仇(あだ)となります。すなわち、自動実装されることを前提として電子部品は設計、製造されているため、ハンダゴテを使って人の手ではんだ付けすることが、極端に難しくなってしまったからです。

　現状、ハンダゴテを使った手はんだ技術の教育、普及については、部品の進化にまったく追従できていません。このため、最近では電気製品・電子機器の修理には、ハンダゴテは使用されなくなり、主にユニット交換（基板ごと交換）が当たり前になってしまいました。また、ハンダゴテを使った人の手によるはんだ付けは、電子部品を壊す恐れがあるとして、禁止する部品メーカや、製造メーカすら現れてきています。

　こうした背景の下、ハンダゴテを使ったはんだ付けの職人は年々減少しつつあり、その技術は失われつつあります。

新品に交換すればOK!?

第2章 コテ先のメンテナンス

②-① コテ先の酸化

　はんだ付けの実技講習の際、私がもっとも注視しているのは、コテ先の状態です。というのも、コテ先温度を適切に管理していても、コテ先は高温になるので、大気に触れているとどうしても酸化してしまうからです。

　従来の鉛入り共晶はんだを使用している際は、鉛に酸化を防ぐ効果があったようですが、鉛フリーハンダを使用する際には、酸化の進行が格段に早くなります。

　コテ先が酸化すると、はんだや母材への熱がいちじるしく伝わりにくくなるので、せっかく高性能なハンダゴテを用意しても、その性能を発揮することができません。したがって、はんだ付け作業に携わる人は、常にコテ先が酸化していないか気を配っておく必要があります。

　ここで、良いコテ先の状態(図2.1)と、酸化したコテ先の状態(図2.2)を比較してみましょう。良いコテ先の状態では、糸はんだはコテ先に触れるだけで溶けて、コテ先全体に薄く濡れ広がります。反対に悪いコテ先の状態では、コテ先に糸はんだを触れてもなかなか溶けません。溶けてもコテ先に丸く水滴状に付着したまま濡れ広がりません。

図2.1　良いコテ先の状態

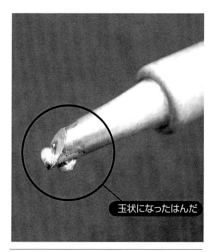

図2.2　酸化したコテ先

②-② 良いコテ先状態を保つための注意点

　良いコテ先の状態を保つためには、はんだ付け作業の際に気をつけておくことがあります。それは、コテ台にハンダゴテを置く際に、コテ先を溶融はんだで覆っておくことです。こうすることで高温になったコテ先が、大気に直接触れることがなくなり、酸化を防ぐことができます（電源を切ってしばらく使わない場合でも、大気と触れないようコテ先をはんだで覆っておく方がよいです。図2.3参照）。

　ところが、理屈ではわかっていても、きれい好きな人は日頃からコテ先をきれいに掃除してからコテ台に置く習慣があるので、なかなかこの動作が身に付きません。ついつい、コテ先を保護しないまま、ハンダゴテをコテ台に置いたままにして、コテ先を酸化させてしまいます。

　コテ先が酸化してしまった場合には、酸化の度合いに応じて酸化膜を除去する方法があります。

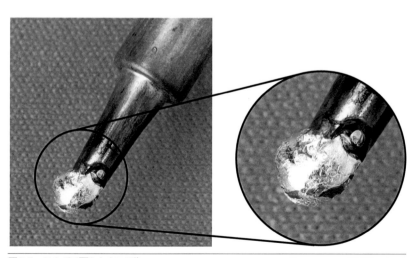

図2.3　はんだで覆われたコテ先

①軽度の酸化の場合

　図2.4のように、コテ先に太目の糸はんだ（φ0.6～1.0mm）を多めに供給してはんだを溶かし、コテ先をはんだで覆った後、図2.5のようにスポンジで拭うことを何度か繰り返せば、コテ先のはんだめっきを復活させることができます。

②中程度の酸化膜の場合

　コテ先の酸化膜を化学的に除去するコテ先復活剤（図2.6、例：ケミカルペースト　FS100-1など）を使用して、酸化膜を除去します。使用方法は、図2.7のようにコテ先をペーストに突き刺し、コテ先にペーストを付着させ、すかさず、図2.8のようにコテ先に太目の糸はんだ（φ0.6～1.0mm）を多めに供給してはんだを溶かし、コテ先をはんだで覆い、余分なはんだをスポンジで拭って掃除します（図2.5参照）。そして、一度でコテ先のはんだめっきが復活しない場合はこのプロセスを繰り返します。

③強固な酸化膜が形成された場合

　①～②の方法では酸化膜を除去できない場合は、図2.9のように、金

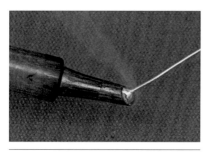

図2.4　コテ先への糸はんだの供給（※この写真は作業者の正面から撮影しています）

図2.5　スポンジでのコテ先の掃除（※）

図2.6　ケミカルペースト（FS100-1（HAKKO））

図2.7　コテ先にペーストを付着させる（※）

属製のスケールやカッタの刃の反対側などを使って、酸化膜をコソゲ落とします。その上で、軽度な酸化膜を除去した時のように、コテ先に太目の糸はんだ（φ0.6〜1.0mm）を多めに供給してはんだを溶かし、コテ先をはんだで覆った後、スポンジで拭うことを何度か繰り返すことで、コテ先のめっきを復活させることができます。

　いずれにせよ、コテ先を酸化させてしまうと、コテ先のめっきを回復させるためには手間がかかるため、作業中断を引き起こしてしまいます。今までの、コテ先を綺麗に掃除してからコテ台に置く習慣を改め、はんだ付けした後は、コテ先を掃除しないで、コテ先にはんだを供給して、コテ先をはんだで覆ってからコテ台に置くようにしましょう。作業再開時には、コテ先のはんだを除去するだけで、きれいなコテ先が現れます。

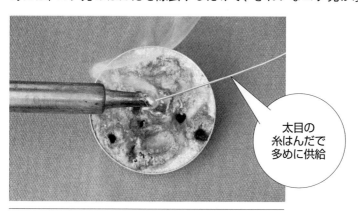

図2.8　コテ先に糸はんだを供給し、はんだめっきを復活させる（※）

図2.9　金属スケールの角で酸化膜をコソゲ落とす

（※この写真は作業者の正面から撮影しています）

> ひとくちコラム

コテ先のクリーナ

　コテ先のクリーナについては、各メーカから多種多様な製品が発売されていますが、コテ先の酸化を防ぐという意味では、ワイヤータイプのコテ先クリーナ（**図2.10**参照）が、コテ先にわずかにはんだが残る点で有利です。ただし、コテ先にはんだが残るため、太いコテ先を使用する場合や、顕微鏡を観察しながら行う微細なはんだ付けの場合には、悪影響を及ぼす場合があります。スポンジ製のクリーナ（**図2.11**）や、自動でブラシが回転するクリーナ（**図2.12**）など、用途に応じて選択してください。

図2.10　ワイヤータイプのクリーナ（ワイヤーにフラックスがコーティングされている）

図2.11　スポンジ製クリーナ

図2.12　自動クリーナの例

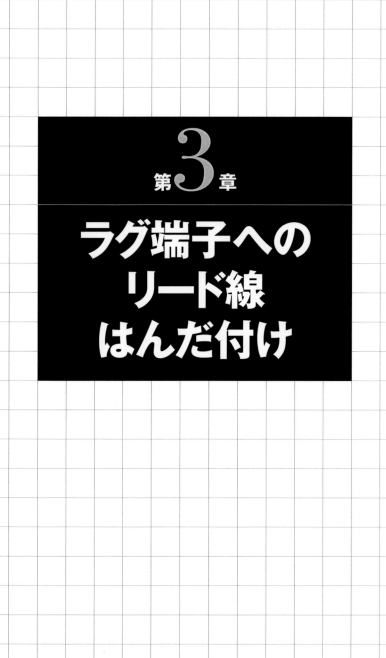

第3章
ラグ端子へのリード線はんだ付け

③-① 端子とリード線のはんだ付け

　図3.1のラグ板のラグ端子にリード線をカラゲ、はんだ付けした部分を拡大したのが図3.2です。ラグ端子とリード線の芯線の間にはフィレットが形成され、拠られた芯線の形状が確認できる良いはんだ付けの見本です。また、はんだ付け部分全体が、ほぼ無色透明のフラックス薄膜で覆われており、フラックスが活性化していた間に、はんだ付けが完了していることが出来ばえからわかります。

　このような、端子とリード線のはんだ付けは昔から存在しており、比較的簡単なはんだ付け作業の部類に入ります。しかし、この基本的なはんだ付け作業の中にも、はんだ付けの基礎から考慮した、いくつかのチェックポイントがあります。どのような点に注意すれば、正しく美しい強固なはんだ付けが完成するのか観察してみましょう。

 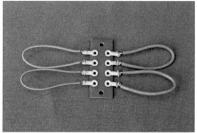

図3.1　ラグ板(左)と、端子にリード線をカラゲてはんだ付け(右)

図3.2　ラグ端子へのリード線カラゲとはんだ付け

③-② リード線の被覆を剥く

　まず、最初にリード線の被覆を剥きます。リードの被覆を剥くための器具（ワイヤーストリッパ）は、多くのメーカから、さまざまな方式のものが販売されています（図3.3）。作業量が少なければ、カッターナイフでも十分ですし、多量のリード線を作業する必要があれば、自動機で精度の高い被覆の処理を行うことも可能です。

　リード線の被覆を剥く際に重要なことは、リード線の太さや種類に合わせて、リード線の芯線（より線）にできるだけキズを付けたり切断することがないようなワイヤーストリッパを選択することです。たとえば、ワイヤーストリッパでリード線の被覆を剥いた場合、図3.4のように芯線にキズが付いたり、一部が切断されてしまうことがあります。

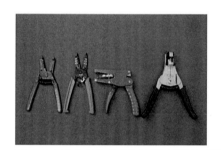

図3.3　ワイヤーストリッパのいろいろ

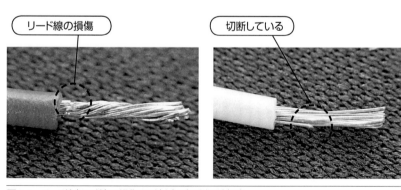

図3.4　リード線（より線）の損傷キズ（上）と部分切断（下）

このようなリード線のキズや部分切断があると、電気製品の信頼性には少なからず影響を与えるので、本来、ないのが望ましいのですが、現実には作業の中で芯線にダメージを与えてしまうことがあるので、損傷の度合いによる許容範囲が定められています。

　たとえば、国際的に認知されているIPC規格（ＩPC-a-610）（JIS規格も準拠）では、品質規格を3段階に分けて許容範囲を以下のように定めています。

クラス1：　一般的な電気製品
　　　　　　家電品などが相当します。
クラス2：　特定用途の電気製品
　　　　　　産業機器などが相当します。継続的な性能と長寿命が要求され、その動作が中断しないことを求められます。
クラス3：　高性能な電気製品
　　　　　　航空・宇宙や医療関係の分野の電気製品などが相当します。使用環境がきわめてきびしく、設備が停止すると生命維持や人命に関わるような製品に求められる品質規格です。

　したがって、品質基準といっても一口に表現して統一できるものではなく、はんだ付けされた製品が使用される用途、環境によって品質基準を使い分ける必要があることがわかります（たとえば、子供用の電気製品玩具にスペースシャトルと同等の品質基準を適用すれば、高額になりすぎて商品として成り立たないことが想像できます）。

リード線の被覆を剥ぐときには、芯線にキズがつかないようなワイヤーストリッパを選びます。

(1) リード線の芯線の損傷

さて、リード線の芯線の損傷の話に戻すと、クラス1または2では、より線の本数によって表3.1のように損傷の許容範囲が定められています。

さらに、クラス3の場合は、芯線に予備はんだを行う場合と、行わない場合の両方について、許容範囲が定められています(表3.2参照)。

このように、クラス1、2とクラス3では、リード線の芯線の損傷具合について、許容範囲が異なります。したがって、ワイヤーストリップ作業の際には、はんだ付け対象物の使用用途を考慮して、良否の判断を

表3.1 クラス1または2での損傷の許容範囲

芯線の本数	クラス1または2における削れ・刻み目・切断されたより線の最大許容範囲
2-6	0
7-15	1
16-25	3
26-40	4
41-60	5
61-120	6
121以上	6%

表3.2 クラス3での損傷の許容範囲

芯線の本数	クラス3 予備はんだを行わない場合、削れ・刻み目・切断されたより線の最大許容範囲	クラス3 予備はんだを行う場合
2-6	0	0
7-15	0	1
16-25	0	2
26-40	3	3
41-60	4	4
61-120	5	5
121以上	5%	5%

してください（たとえば趣味の電子工作ならば、2~3本芯線が切れていてもOKとする、など）。使用するワイヤーストリッパなどの工具も許容範囲に応じた精度のものを用意すればよいわけです。

(2) リード線の被覆

リード線の被覆を剥く作業に戻ります。適切なワイヤーストリッパを選んだら、図3.5のようにリード線の被覆を約3ｃｍ程度剥きます。この後の工程でラグ端子に剥いた芯線をカラゲるので、作業しやすいように長めに剥きます。このとき、被覆を剥きながら芯線をねじっておくと、被覆に直接触れずに済むため、手指の脂が芯線に付着することを防ぐことができます。

ワイヤーストリッパの種類によっては、不可能なこともありますが、直に手指で芯線に触れる場合は、指サックなどを利用するのも方法の1つです。

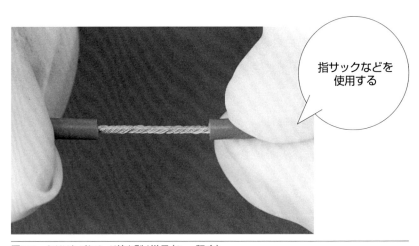

図3.5　ねじりながらリード線を剥く様子（3cm程度）

③-③ 芯線のねじり具合

　芯線は被覆を剥いた後、ねじっておかないと図3.6①のように端子にカラゲた際にほつれたり、鳥かご状に膨らんだりします（図3.6②参照）。

　ほつれたり、鳥かご状になったより線は、熱を伝えにくくなり、より線全体にはんだを馴染ませるために不必要なはんだ量を必要とします。したがって、図3.7のようにしっかりねじっておく必要があります。

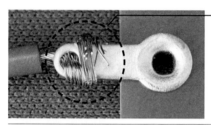

図3.6①　ほつれたカラゲ

図3.6②　鳥かご状のカラゲ

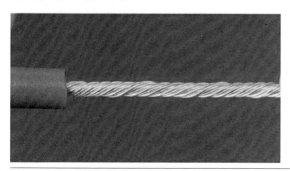

図3.7　しっかりねじっておく

③-④ ラグ端子へのカラゲ

　図3.8は、ラグ端子へリード線（より線）をカラゲたところです。ねじったより線を端子の穴に通してから、端子に1周巻きつけています。通常、こうした端子にはんだ付けする際には、ここまでていねいなカラゲ作業を行う人は少ないですが、母材をしっかり動かないように固定する、より線と端子の接触面積を大きく取れる、という面から考慮するとおすすめできる方法です。

　カラゲ作業の際に注意する点は、下記の3点です。
①より線をきつくきっちり巻きつけて、端子と密着させること。
②被覆が端子に接触しないように1～3mm程度離しておくこと。
③より線のはみ出しがないこと。

　図3.9のようにカラゲが緩んでいると、コテ先の熱をうまく伝えることができないため、はんだ付けの時間が長くかかってオーバーヒートし

被膜と端子が接触しないこと

図3.8　ラグ端子へリード線（より線）をカラゲたところ

たり、より線全体にはんだを馴染ませるために、はんだ量が必要以上に過多になってしまう可能性が高くなります。

　また、被覆が端子に接触していると、図3.10のようにコテ先の熱が直接伝わって被覆が溶け、はんだの中に流れ込んでくる恐れがあります。

　さらに、図3.11のように、より線のはみ出しがあると、隣の端子と接触して短絡する可能性があるのでこれも厳禁です。

図3.9　カラゲの緩み

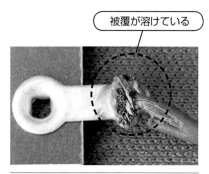

図3.10　溶けた被覆

図3.11　はみ出たより線

ここがポイント！　簡単な作業であっても、ラグ板が動かないようにマスキングテープなどで貼り付けてから作業を行うように心がけましょう。

③-⑤ ハンダゴテとコテ先の選択

まずは、母材を観察することで、必要な熱量を予測し、最適な形状のコテ先を選択します。ラグ端子とリード線を観察してみると、図3.12のようにラグ端子は、ベーク板で熱的に断熱されているため、小さなラグ端子からは、熱の逃げ場がないことがわかります。また、リード線からは、芯線（より線）を通して熱伝導によって熱が逃げますが、リード線の断面積よりも太いコテ先を用いれば、熱量が不足することはないだろうと予測できます。

全体としての熱容量を考えると、さほど大きくないので、温度調整が可能なハンダゴテなら高性能なものでなくても、十分はんだ付け可能だろうと考えられます。

ラグ端子とリード線は、はんだ付け対象物としては小さくはないので、無理して細いコテ先を使用する必要はなく、コテ先温度はできれば低めの340℃程度で使用したいのと、フラックスが活性化している間に、余裕をもって作業を完了したいので、本書のラグ端子の例では、太目の3Cコテ先（図3.13参照）を選択してみます。

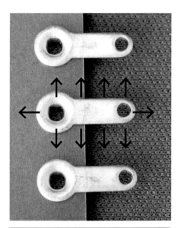

図3.12　ラグ端子からの熱の逃げ道
（ベーク板で断熱されているため熱の逃げ場がない）

図3.13　3Cコテ先

ここがポイント！　C型のコテ先形状を選んだ理由は、ラグ端子とより線の両方に無理なく接触させることができるからです。

③-⑥ 母材の固定

　ラグ端子へのリード線はんだ付けは、比較的簡単なはんだ付け作業です。それでも母材を固定しておかないと、思わぬ不具合が発生する恐れがあります。たとえば、図3.14のように金属の台の上ではんだ付け作業を行えば、端子が金属台に接触して熱が逃げるため、はんだが溶けにくくなって、はんだ馴染み不足が発生したり、図3.15のように樹脂の台の上で作業を行えば、樹脂台が溶けて、はんだの中に混じり込んだりする恐れがあります。

図3.14　金属台の上での作業(アルミ板の上での作業例)(※)

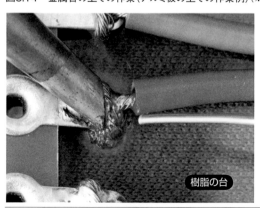

図3.15　樹脂台の上での作業(※)

(※この写真は作業者の正面から撮影しています)

「糸はんだの太さの選定」

太すぎると、糸はんだの最初の溶け始めに時間がかかるため、母材がコテ先の熱で酸化してしまうことがあります。また、はんだ量をコントロールするのが難しくなります。逆に細すぎると、糸はんだの供給スピードを早くしないと、全体の加熱時間が長くなりすぎるため、リード線の芯線を熱が伝って逃げ、被覆を溶かしたり焦がしたりする恐れがあります。

ラグ端子のはんだ付け作業に適切な糸はんだの太さは、リード線が細ければφ0.6mm程度、太いリード線であればφ0.8mm程度が使いやすく作業性にも優れています。

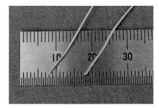

φ0.6mm、φ0.8mmの糸はんだ

ひとくちコラム

はんだ付けの姿勢・構え、環境

はんだ付け作業の際は、机（作業台）の高さに合わせてイスの高さを調節し、背筋を伸ばして、楽に構えられるようにします。また、はんだ付けの良し悪しは目視で判断するので、照明スタンドなどを用意して、照度を確保するとよいです。

また、できればはんだ付けの際に発生するフラックスの煙を、直接吸引しないように、局所換気装置を設置し、部屋の換気にも配慮できるとよいですね。

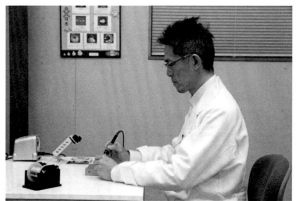

はんだ付けの正しい姿勢

局所換気装置の例

③-⑦ はんだ付け作業

(1) ハンダゴテの持ち方

　右利きの方を前提に話を進めます（左利きの方は左右を逆にしてお読みください）。右手にハンダゴテを鉛筆やお箸を持つときと同様、親指、人指し指、中指の３本の指で保持します（図3.16参照）。

　左手にはヤニ入り糸はんだを持ちます（図3.17参照）。このとき、糸はんだを送り込むスピードコントロールが、ラグ端子のはんだ付けでは鍵になるので、糸はんだは長めに（6cm程度）して保持した方が、作業がやりやすいです。

図3.16　ハンダゴテの保持

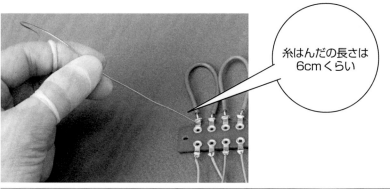

図3.17　糸はんだの保持

加熱して約340℃になったコテ先を図3.18のように、ラグ端子とリード線のより線の両方になるべく多くの面積で接触するように当てます。このとき、コテ先を母材に当てると同時（あるいは、糸はんだを端子とコテ先に挟み込むタイミングでもＯＫ）に、コテ先の熱を母材に伝えるためのはんだを少量、コテ先に糸はんだを直接当てて溶かします（図3.19参照）。

　これは間に熱を伝えるためのはんだを介さないと、コテ先と母材は点や線の小さな接触面しか確保できないため、コテ先の熱を母材へ効率よく伝えることができないからです。ということは、母材の温度を上昇させるのに時間がかかってしまいますから、はんだ付け完了までの時間が

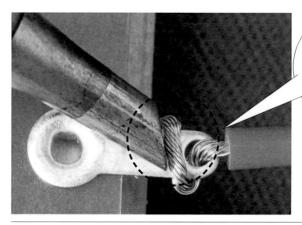

図3.18　コテ先の当て方（※この写真は作業者の正面から撮影しています）

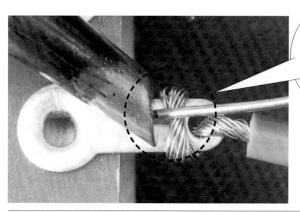

図3.19　コテ先の熱を伝えるためのはんだ（※）

長くなってしまいます。そうすると、コテ先が酸化、母材が酸化、フラックスが蒸発してしまうなどの不具合が発生する可能性が高くなってしまいます。

　また、熱を伝えるためのはんだを少量溶かすことで、フラックスが供給されるので、コテ先と触れている母材表面がフラックスに覆われて酸化を防ぎ、同時に母材表面の酸化膜がフラックスの界面活性剤の効果で除去されます。

　このように、コテ先を当てると同時にコテ先に直接当てて溶かす、熱を伝えるためのはんだは、効用がとても大きいため、これらの効用をよく理解したうえで、積極的に活用したい技術です。

(2) 熱を伝えるためのはんだ

　熱を伝えるためのはんだは、母材の温度が上昇したかどうかを知る目安にもなります。熱を伝えるための少量の溶けたはんだが、端子やより線に濡れ広がり、より線に染み込んでいく様子が観察できれば、母材の温度が上昇したと判断できます（図3.20参照）。

効用をよく理解しないまま、ベテランが行うはんだ付け作業を見よう見まねで行うと、糸はんだを熱したコテ先に直接当てて溶かすことで、はんだを供給するものだと勘違いされる恐れがあります。指導される立場の方はご注意ください。

はんだが濡れ広がっている

図3.20　熱を伝えるためのはんだが濡れ広がった様子（※）

母材の温度がはんだの融点より高温になれば、糸はんだは、コテ先に触れなくても母材に触れることで溶かすことが可能になります。したがって、なるべくコテ先に直接糸はんだを触れないように、高温になった母材に糸はんだを触れさせてはんだを溶かし供給します（図3.21参照）。この理由は、溶けたはんだが、温度の低い箇所から高い箇所への方が流れやすいため、母材全体にはんだが濡れ広がりやすいことと、もっとも高温であるコテ先に糸はんだが直接触れて、糸はんだに含まれるフラックスが蒸発してしまうのを防ぐためです。

　ラグ端子はベーク板で熱的に断熱されているため、小さなラグ端子からは、熱の逃げ場がほとんどないことを考慮すると、高温のコテ先を長時間当てると、どんどん端子の温度が上昇し、やがてコテ先温度に近い温度まで上昇するであろうと想像できます。

　はんだ付けに最適な温度は約250℃なので、コテ先を当てている間の端子の温度上昇を抑えるには、冷たい（室温の）糸はんだを溶融はんだに、どんどん送り込んでいく必要があります。特に、太目のリード線（より線）を使用している場合には、より線にはんだがどんどん浸透して、多くの糸はんだを供給しなければならないため、もたもたしていると、より線の温度が上昇しすぎて、より線が酸化してしまい、はんだに濡れなくなってしまいます（図3.22参照）

（3）はんだ付けのスピード

　また、端子やより線の温度が高温になってしまうと、フラックスが短時間で蒸発してしまうため、表面のフラックス膜が破れて溶融はんだが露出し、はんだが酸化してオーバーヒートを引き起こし、フラックスが焼け焦げる原因になります（図3.23参照）。さらに、250℃で約3秒間の条件を超えて加熱されるため、合金層は成長しすぎて脆くなります。糸はんだの供給スピードは、こうした不具合を避けるためにも重要なポイントとなります。実際、私がはんだ付けを行うところを見ていただくと、糸はんだの供給スピードが速いことに驚かれる人が大半です。前述したように、糸はんだは長めに保持して、中断させることなく滑らかに供給できる体勢を整えておきたいものです。

　糸はんだを供給している間は、コテ先を母材から離さない方が、はんだ付けのトータル時間が短くできるため、フラックスが活性化している

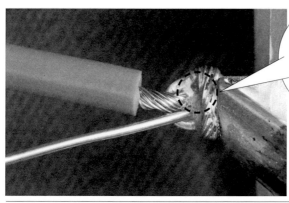

図3.21　糸はんだをコテ先に触れない箇所から供給する（※）

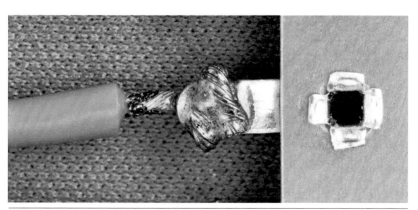

図3.22　酸化してはんだを弾いてしまうより線（※）

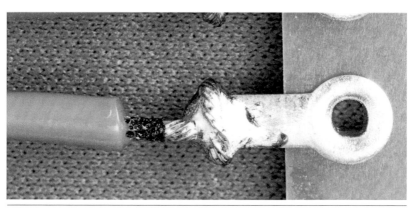

図3.23　オーバーヒートしたはんだ付けと、焼け焦げたフラックス（※）

時間を長く使えるので有利です。

　少しづつコテ先を当てては、糸はんだを供給するのは避けた方がよいです。また、糸はんだの供給をストップしても、同時にコテ先を離すことはせず、ジワッとフィレットが形成されるのを観察してからコテ先を離脱します（1~2秒です）。

（4）糸はんだの適切な供給量

　糸はんだの適切な供給量については、フィレットが形成されているかどうかで判断します。コテ先を当て、糸はんだを供給した表面だけでなく、端子の裏面にもフィレットが形成されていることが良いはんだ付けの条件です。通常、表面に美しくフィレットが形成できている場合は、自然に裏面にもフィレットが形成されます。

　図3.24のように、はんだ量が多すぎると、フィレットが観察できないので、熱不足である可能性が否定できません。逆に図3.25のように、はんだ量が少なすぎると、真上から見てフィレットが観察できない状態となり、接合強度に不安があるばかりでなく、はんだの導電率は銅に比較すると1/10程度しかないため、接合部に流れる電流の量にも不安が発生します。

　ここまで順に見てきたように、はんだ付け作業としては、比較的簡単なラグ端子へのはんだ付けですが、実にさまざまなことを考慮しながら作業を行わなければならないことがわかります。熟練者の行うはんだ付け作業は、動きの1つひとつに意味があります。見た目に惑わされて意味を見失わないようにしたいものです。

糸はんだを供給している間は、コテ先を母材から離さない方が、はんだ付けのトータル時間を短くできます。

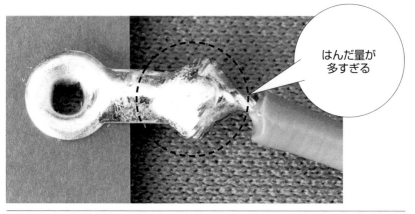

図3.24 多すぎるはんだ量（※）

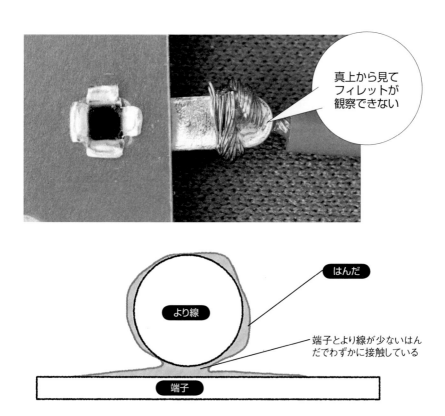

図3.25 少なすぎるはんだ量（※）

ひとくちコラム

未来のハンダゴテ

　本書では、はんだ付けの温度条件について、主に溶融しているはんだと母材の温度を約250℃にコントロールするような考え方を取り入れています。しかし、実際には溶融しているはんだと母材の温度は見えないので、溶けたはんだの挙動と母材からの熱の逃げを考慮して想像することしかできません。

　従来、ハンダゴテを使ったはんだ付けでは、主にコテ先温度にスポットを当てた考え方が主流でした。コテ先温度を一定に保つことではんだ付けの品質をコントロールしようとする考え方です。しかし、この考え方では、コテ先の形状、当て方、コテ先を母材に当てている時間、コテ先の酸化具合によって、溶融しているはんだと母材の温度は、大きく変化するため、はんだ付けの品質をコントロールすることは難しいのです。

　ハンダゴテの本来の目的は、はんだ付け接合部をスズと銅の合金層が適度に(1~3μmの厚さで)形成されるための条件(約250℃で約3秒間)を作り出すことにあります。したがって、将来のハンダゴテは、溶融しているはんだと母材の温度を約250℃にコントロールする働きのあるものに移行していくのではないか？と私は考えています。

　また、学校教育で使用されるハンダゴテや、ホームセンターなどで販売されているハンダゴテについても、現状「はんだを溶かせればよし！」と誤解されたままの状態です。このため、コテ先温度が高温になればなるほど高性能であると勘違いされ、電源を入れた瞬間にコテ先が酸化して使用不能になっているものが多々あります。そろそろ、コテ先温度が約350℃に設定された高熱容量の安価なハンダゴテが出てきてもよいのではないでしょうか。

第4章
Dサブコネクタへの リード線 はんだ付け作業

④-① 正しく美しく強固な はんだ付け

　図4.1は、図4.2のＤサブコネクタのカップ端子に、リード線の被覆を剥いた芯線をはんだ付けしたところです。カップ端子と芯線の間には、はんだが充填され、滑らかなフィレットが形成されているのがわかります。同時に、拠られた芯線の形状が確認できる「良いはんだ付け」の見本です。第3章のラグ端子と同様、はんだ付け部分全体が、ほぼ無色透明のフラックス薄膜で覆われており、フラックスが活性化していた間にはんだ付けが完了していることがわかります。

　このようなカップ端子を含め、コネクタとケーブルの接続には、現在でもハンダゴテを使った手ハンダによるはんだ付けがよく使われています。近年、はんだの鉛フリー化により、このようなはんだ付け作業に悩む方が多くなってきています。この章では、一般的なＤサブコネクタのカップ端子へのはんだ付け作業を例にとって、どのような点に注意すれば、正しく美しい強固なはんだ付けが完成するのか観察してみましょう。

図4.1　Ｄサブコネクタのカップ端子へのリード線はんだ付け

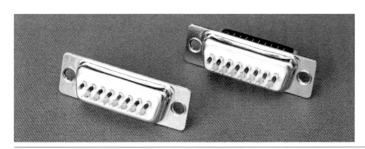

図4.2　Ｄサブコネクタのはんだ付け部（カップ端子）

④-② リード線の被覆を剥く

　ラグ端子の章で、ワイヤーストリッパと、より線の損傷具合については第3章で解説しました。適切なワイヤーストリッパやカッターナイフなどを用いて、リード線の被覆を剥きます。被覆を剥く長さは、カップ端子の場合、より線をカップ端子の奥に突き当りまで挿入して、被覆がカップ端子に触れない程度。カップ端子の先端から1~2mm程度、離れている長さが目安になります。
　失敗例を図4.3に示します。
　カップ端子へはんだ付けする場合にも、被覆を剥きながらより線をねじっておきます（図4.4参照）。しっかりねじっておかないと、後の工程

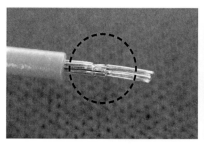

図4.3　ワイヤーストリップで損傷したより線

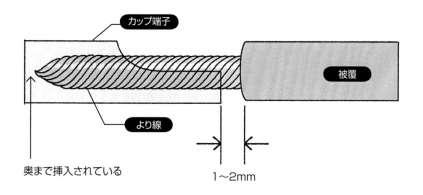

図4.4　カップ端子の断面図とより線を挿入した図（1~2mm）

で芯線に予備はんだを行う際、膨れてしまってカップ端子に挿入できなくなってしまいます(**図4.5**)。

より線のねじり具合の良い例を**図4.6**に示します。

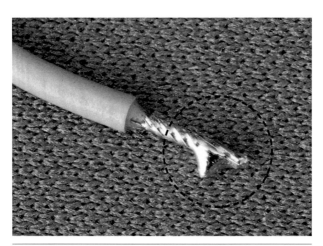

図4.5　膨れてカップ端子に入らなくなったより線

図4.6　より線のねじり具合が良い(しっかりねじっている)

④-③ より線への予備はんだ

　より線をそのままカップ端子に挿入してはんだ付けを行うと、より線に十分はんだを浸透させてなじませている間に、フラックスが蒸発して図4.7のようにオーバーヒートを起こしやすくなります（コネクタから大きく熱を奪われるため時間がかかります）。

　このため、より線にはあらかじめはんだをなじませておくために、予備はんだを行います。予備はんだを行う方法には、はんだポットやはんだ槽を使うなどの方法もありますが、本書ではハンダゴテを使った予備はんだの方法について触れておきます。

図4.7　オーバーヒートを起こしたはんだ付け部

オーバーヒートは、特に鉛フリーはんだでは顕著に起こります。

（1）より線の太さがカップ端子の穴径ギリギリの場合

　予備はんだを行うと、カップ端子へ挿入できなくなるので、図4.8のように予備はんだなしではんだ付けを行います。この場合、図4.9のように端子（コネクタ）とより線が動かないように固定して、糸はんだを供給しながらはんだ付けを行います。

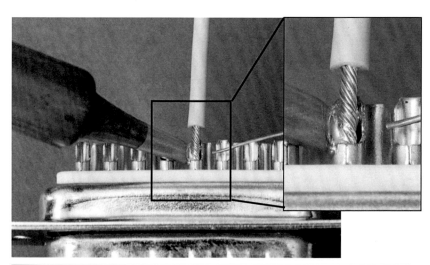

図4.8　予備はんだなしでのはんだ付け（※この写真は作業者の正面から撮影しています）

図4.9　予備はんだなしでの固定（※）

(2) より線がカップ端子の穴径に対して極端に細い場合

　図4.10のように、より線とカップ端子の両方に予備はんだを行っておいて、図4.11のように双方のはんだを溶かしてなじませることではんだ付けを行います。

　この場合、カップ端子側の予備はんだは、意識的に熱不足状態にしておき、フラックスの蒸発を抑えておきます。その後、カップ端子のはんだを溶かしながら、より線を挿入して双方のはんだをなじませます。

　より線は、動かないように作業台や板切れなどに、マスキングテープなどで貼り付けて固定します。ハンダゴテは、手前に向かって動かすと操作しやすいですので、図4.12のようにより線が手前になるように固定します。

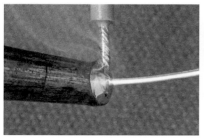 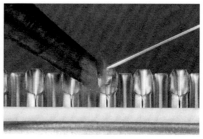

図4.10　より線とカップ端子への予備はんだ（※）

 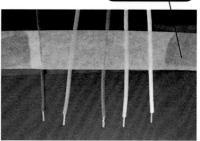

図4.11　双方のはんだを馴染ませてはんだ付け（※）　　図4.12　より線の固定（※）

予備はんだに使用するコテ先は、太い方が熱容量が大きくて作業しやすいので、図4.13のように3Cや4Cなどの平らなカット面を上にして使用します。
　次に図4.14のように、コテ先をより線に近づけた状態で、コテ先に糸はんだを供給し、同時に図4.15のように、コテ先の上で玉状に溶けているはんだにより線を浸します。
　より線を浸しながら、図4.16のように、はんだがより線に染み込んでなじむようにゆっくりコテ先を手前に移動します。同時にフラックスとはんだを供給するために、糸はんだを追加します。
　このとき、コテ先の移動スピードが速すぎると、より線にはんだがなじまず、図4.17のように、はんだを弾いてしまうため、予備はんだの意味がなくなってしまいます。また、逆に遅すぎる場合は、より線の温度が上がりすぎて、被覆が焼け焦げますし、フラックスが蒸発してオーバーヒートを引き起こします（図4.18参照）。
　コテ先の上に載っている溶けたはんだの温度が上昇しすぎないように、常に冷たい糸はんだを供給しつつ、冷たいより線に接触させることで、約250℃の温度条件をつくり出します。
　より線への予備はんだは、連続して数本行うことが可能です。しかし、作業を中断した場合は、コテ先に載ったはんだが高温になり、フラックスが蒸発してしまうため、いったんコテ先をスポンジなどで掃除します。その後、改めてコテ先に糸はんだを供給するところから作業を始めます。すべてのより線に予備はんだを行ったら完了です。

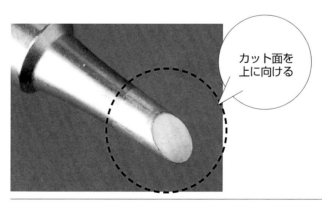

図4.13　C3コテ先のカット面を上に向けたところ

図4.14　より線に近づけたコテ先に糸はんだを供給（※）

図4.15　玉状に溶けているはんだにより線を浸す（※）

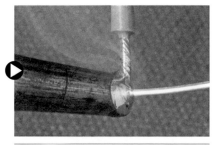

図4.16　コテ先を移動しながら糸はんだを供給する（※）

ここがポイント！

冷たい糸はんだ、より線＝室温の糸はんだ、より線のことです。冷やす必要はありません。

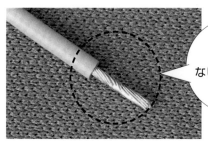

図4.17　はんだがなじんでいないより線（※）

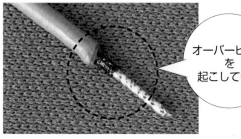

図4.18　被覆が焼け、オーバーヒートを起こしたより線（※）

（※この写真は作業者の正面から撮影しています）

④-④ ハンダゴテとコテ先の選択

(1) 必要な熱量

母材を観察して、必要な熱量を予測します。コネクタ側の端子は、1本づつ、電気的、熱的にも絶縁されているため、さほど大きな熱の逃げはないと考えられます。一方のより線は熱を伝えるので、より線から逃げる熱量を考慮すると、より線より少し太い程度のC型コテ先が適していると考えられます（図4.19参照）。

(2) 母材の固定

コネクタと、より線（リード線またはケーブル）の固定が必要です。これらの母材が固定されていないと、ハンダゴテと糸はんだを両手で操作することが困難だからです。図4.20～21に母材の固定例を示します。

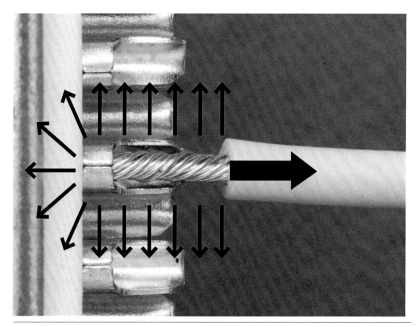

図4.19　Dサブコネクタのカップ端子からの熱の逃げの例

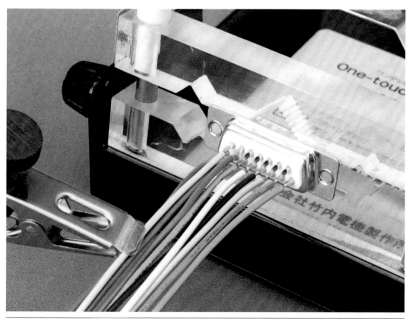

図4.20　市販のコネクタ固定治具を使った例

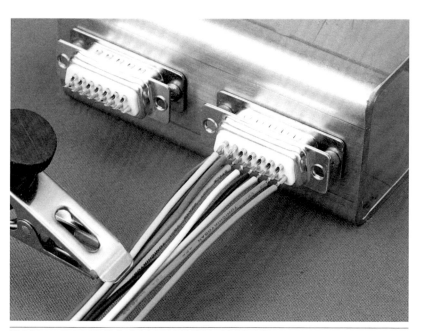

図4.21　ペアとなるDサブコネクタを固定治具として使用した例

(3) 糸はんだの太さの選定

より線に予備はんだを行った場合は、カップ端子の内部にはんだを充填するために、さほど多くのはんだ量を必要としないため、細目の糸はんだを選択した方が、はんだ量をコントロールしやすいです。たとえば、図4.22のようなコネクタのより線の場合、糸はんだの太さは0.3~0.5mm程度を使用します。

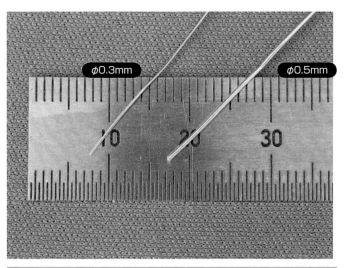

図4.22 φ0.3mm糸はんだの例と、φ0.5mm糸はんだ

はんだ付けの姿勢・構え、環境については第3章と同じです。

④-⑤ はんだ付け作業

　右利きの方を前提に話を進めます（左利きの方は左右を逆にしてお読みください）。

　右手にハンダゴテを鉛筆やお箸を持つときと同様、親指、人指し指、中指の3本の指で保持します（第3章の図3.16参照）。左手にはヤニ入り糸はんだを持ちます。

　コネクタのカップ端子側を自分に向けて固定し、ケーブル（より線）を手前からカップ端子に挿入する形で固定します（図4.23参照）。

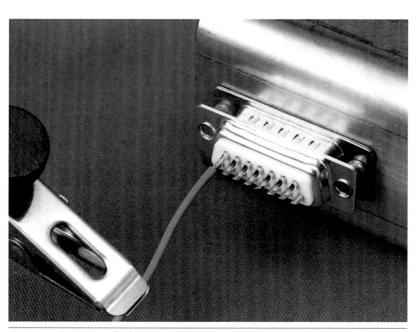

図4.23　コネクタとケーブル（より線）の固定

次に、より線の先端がカップ端子の奥の壁に当たるまで挿入して固定します。このとき注意することは、より線がカップ端子から浮いた状態で固定されないことです。

　より線は図4.24のようにカップ端子と平行にカップ端子の底に這うように固定されるのが望ましく、反対に図4.25のように浮いた状態ではんだ付けしてしまうと、より線に熱が伝わりにくくなり、より線とカップ端子の隙間も大きくなってしまうので、正常なはんだ付けができなくなってしまいます。

　加熱して約340℃になったコテ先を図4.26のように、カップ端子の側面になるべく多くの面積で接触するように当てます。このとき、コテ先を母材に当てると同時（あるいは、糸はんだを端子とコテ先に挟み込む

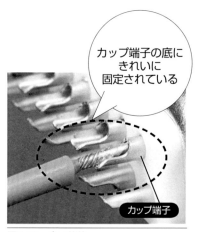

図4.24　良い状態

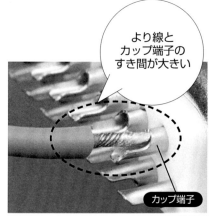

図4.25　浮いた状態

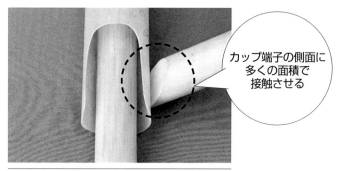

図4.26　カップ端子へのコテ先の当て方

タイミングでもOK)に、コテ先の熱を母材に伝えるためのはんだを少量、コテ先に糸はんだを直接当てて溶かします(**図4.27**①~③参照)。

　はんだをカップ端子とより線でできた隙間に充填します。フラックスが蒸発してしまわないうちに、効率よく短時間で熱を伝えて、必要なはんだ量を供給します。

図4.27①　コテ先の熱を伝えるためのはんだを供給(※)

図4.27②　カップ端子とより線の間にはんだを充填(※)

図4.27③　カップ端子とより線の間にはんだを充填(※)

(※この写真は作業者の正面から撮影しています)

糸はんだを供給する位置は、コテ先を当てているカップ端子の側面の内側がもっとも早く高温になりやすいため、図4.28の位置を狙います。
　次に良いはんだ量、多すぎるはんだ量、少なすぎるはんだ量をそれぞれ示します（図4.29~31参照）。
　カップ端子のフィレットは、図4.29のようにより線とカップ端子の間に充填されたはんだが、滑らかな凹曲面を形成していることで判断します。同時により線の形状が見えることが、良いはんだ付けの仕上がりを見きわめるポイントになります。

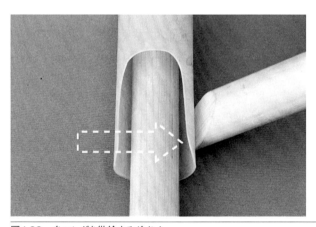

図4.28　糸ハンダを供給するポイント

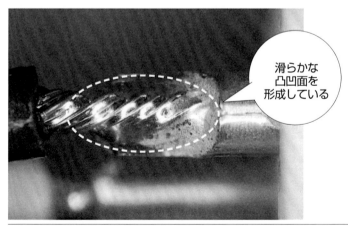

図4.29　良いはんだ量（より線の形状が見える）

図4.30のように、より線の形状がわからないほどはんだを盛ってしまうと、より線がカップ端子の奥まで挿入されているかどうか、第三者にわかりませんし、より線、またはカップ端子に濡れ不良があっても隠されてしまう可能性があります。

　逆に図4.31のようにはんだ量が少ない場合は、はんだがより線とカップ端子の間に充填されていないため、接合強度に不安があります。

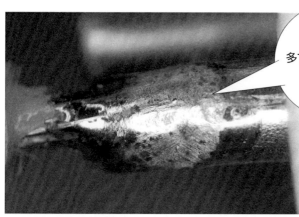

図4.30　多すぎるはんだ量

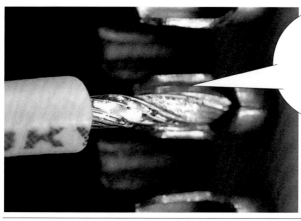

図4.31　少なすぎるはんだ量

④-⑥ はんだ付け不良の例

　フラックスが蒸発して働かなくなるまでの時間内に、はんだ付け作業が完了できなかった場合、フラックスの皮膜が破れ、破れた部分から酸化が始まります。さらに図4.32のように、加熱が過剰（オーバーヒート）になると、フラックスは焼け焦げ、はんだ表面は凸凹、ザラザラに変質して脆くなっていきます。当然、250℃で約3秒間の条件を超えて加熱されるため、合金層は成長しすぎて脆くなります。

　原因は、コテ先の酸化や当て方が悪くて、母材とコテ先の接触面積が小さいために、コテ先の熱を的確に伝えられずに、はんだ付けのトータル時間が長くなってしまう、あるいは、糸はんだの供給が遅いために、母材や溶けたはんだの温度が上昇し、フラックスの蒸発が早まったことなどが考えられます。

　図4.33は、はんだがカップ端子になじんでいない状態です。原因は、やはりコテ先の酸化や当て方が悪くて、母材とコテ先の接触面積が小さいために、コテ先の熱を的確に伝えられず、トータル熱量が不足し、250℃で約3秒間の条件がつくり出せなかったと考えられます。この場合は、合金層が十分に形成されていないので、接合強度も小さくなります。

　図4.34は、カップ端子にははんだがなじんでいるのに、より線とはんだがなじんでいない不良です。図4.17のように、予備はんだでより線にはんだがなじんでいない状態ではんだ付けした場合に発生します。原因は予備はんだにあります。

　Dサブコネクタのようなカップ端子は、キヤノンコネクタなどにも使用されており、一般的に難しいと思われていますが、コネクタとケーブルをしっかり固定して、温度管理されたハンダゴテを使用し、コテ先が酸化していなければ、さほど難しいものではありません。道具選びとコテ先のメンテナンスが重要です。

図4.32 オーバーヒートし、フラックスが焼け焦げている

図4.33 熱不足によるなじみ不良

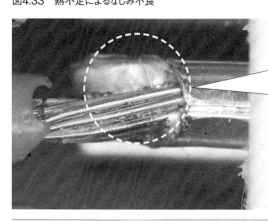

図4.34 より線とはんだのなじみ不良

> ひとくちコラム

金めっきとはんだ付けの関係

　金はもっとも安定した金属で、大気中に放置しても酸化せずに金属光沢を保ちます。このため、見た目に高級感があり導通が優れていることもあって、電子部品の端子などに、金めっきが使われていることが多いと思います。

　ところが、はんだと金によって生成される合金は、たいへん脆く弱い性質をもっています。特に、はんだ中の金の重量比率が4％を超えると、はんだの強度が極端に悪化してしまうことから、NASAなどの航空宇宙、あるいは防衛関係など高度な信頼性が必要な分野では、前もって金めっきを剥がしてからはんだ付け作業を行うよう定めています。

　具体的に金めっきを除去する方法としては、金めっきの上から一度はんだ付けを行い、付けたはんだを吸い取り線などで、すべて除去します（2回、3回と行うこともあります。金属光沢を見ます）。

　はんだに溶け込む金の含有量は、当然金めっきの厚さに比例するので、金めっきが厚くほどこされたものほど、はんだ付けは危うくなります。また、金を含むはんだは見た目にも金属光沢がなく、ボソボソとした感じに見えます。金めっきされた部品にはんだ付けすると、はんだはきれいに気持ちよく流れていきます。

　ところが、フィレットには光沢がないので「うん?‥おかしいな?」と思って再はんだ付けしてみたり、フラックスを塗布してみたりして、修正を試みたくなりますが、原因はこんなところにあったのですね。

NASAなどでは、前もって金めっきを剥がしてからはんだ付けを行う。

第5章 チップ抵抗、チップコンデンサの表面実装

5-1 表面実装用チップ抵抗のはんだ付け

　図5.1は、3216サイズ(3.2mm×1.6mm)の表面実装用チップ抵抗をはんだ付けした部分を拡大した写真です。抵抗の端子表面は薄くはんだに濡れて覆われており、基板のランドの端に向かって、なだらかな曲面を描く、美しいフィレットが形成された見本です。

　表面実装部品では「チップ部品」と呼ばれる代表的な形状の電子部品です。2カ所しかはんだ付け接合部がない簡単な構造ですが、強固で美しいはんだ付けを行うには、いくつかのポイントがあります。順を追って見てみましょう。

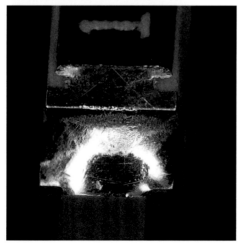

図5.1　チップ抵抗の表面実装(上)と、はんだ付けした部分の拡大(下)

⑤-② 基板の確認
　　（基板のランド面の確認）

　チップ抵抗をはんだ付けする前に、基板のランド面が酸化していないか、汚れていないか確認しておきます。

　図5.2はきれいなランド面です。一方、図5.3はランド面が酸化した基板です。このようにランド面が酸化して変色してしまった基板は濡れが悪く、はんだを弾きます。ランド面に予備はんだを行って、はんだの濡れ具合をチェックしておいた方がよいです。

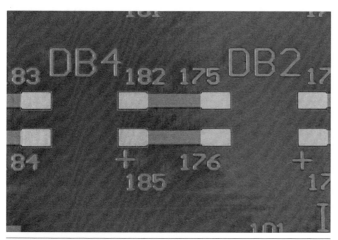

図5.2　きれいなランド面

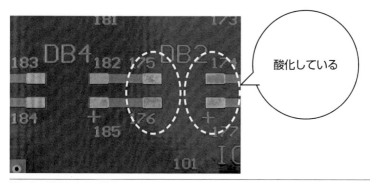

図5.3　酸化したランド面

図5.4は、片側の電極部がグランドパターン上につくられた熱の逃げやすいランドです。
　左側のランドは、熱の逃げ道が小さいため、簡単にはんだを溶かすことが可能です。ところが右側のランドは、グランドパターンから逃げる熱量が大きいため、熱容量が大きく、しかも高出力なハンダゴテでないと、はんだを溶かすことが難しいと予想されます。

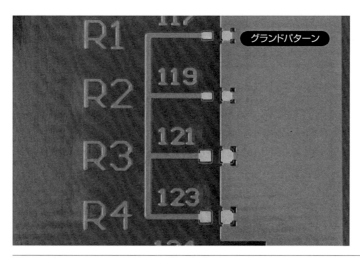

図5.4　グランドパターンに接続された熱の逃げやすいランド

　まずは基板を観察して、はんだ付けに必要な熱量を予測して、ハンダゴテやコテ先を選択します。

⑤-③ ハンダゴテとコテ先の選択

　基板を観察して、必要な熱量が予測できたら、予測した熱量よりも大きな熱量を供給できるハンダゴテを選びます。たとえば、通常の一般的な厚さ1.6mm程度の両面基板であれば、各ハンダゴテメーカから販売されている廉価版の温度調整機能付きのハンダゴテで十分です。しかし、グランドパターンに設けられたランドにはんだ付けする場合や、積層基板、アルミ基板やヒートシンクが載った基板の場合は、出力の大きなハンダゴテ(図5.5)や、高周波ハンダゴテ(図5.6)、窒素ガスフロー式ハンダゴテ(図5.7)などを用意するか、予熱用プリヒータ(図5.8)などで基板

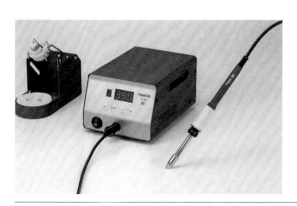

ここがポイント！ 太すぎて使えない場合があるので事前に注意。

図5.5　高出力ハンダゴテ(HAKKO製　FX-801(300Wハンダゴテ)

図5.6　高周波ハンダゴテ　　　　　図5.7　窒素ガス式ハンダゴテ

全体を予熱するなどして、十分な熱量を確保する必要があります。

　コテ先は、D型（マイナスドライバー型）が、チップ抵抗の形状とマッチしていて、接触面積を大きくできるため適しています（図5.9参照）。チップ抵抗の電極の幅と同程度の幅をもつD型コテ先が使いやすいといえます（図5.10参照）。

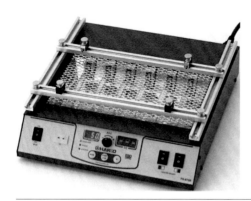

図5.8　予熱用プリヒータ

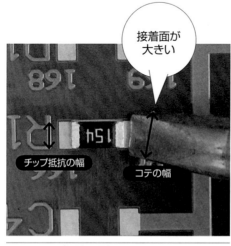

図5.9　チップ抵抗の電極の幅とコテ先の幅

図5.10　D型コテ先

5-4 チップ抵抗の はんだ付け作業

(1) 糸はんだの太さの選定

3216サイズ(3.2mm×1.6mm)よりも小さいサイズのチップ抵抗であれば、φ0.3mm程度を、それよりも大きければφ0.5mmのものが使いやすく、はんだ量のコントロールも容易です(図5.11参照)。

(2) コテ先温度

コテ先温度は、図5.12のように340℃程度に設定します。

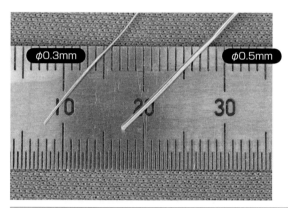

図5.11　φ0.3mmとφ0.5mmの糸はんだの例

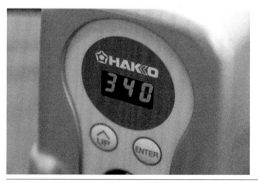

図5.12　コテ先温度の設定

(3) 2つのランドの片側に予備はんだ付け

　チップ抵抗をはんだ付けする2つのランドの片側に、予備はんだ付けを行います（両方に行ってはダメなので注意）。2つのランドのうち、熱が逃げにくいと予想される側のランドに予備はんだを行います（図5.12参照）。

　糸はんだを、予備はんだを行うランドの上に置き、糸はんだを基板とコテ先で挟み込むようにしてはんだを溶かすと、簡単にランドに予備はんだが行われます。これは「はさみはんだ」と呼ばれる手法です（図5.13~15参照）。

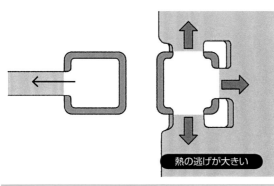

熱の逃げが大きい

ここがポイント！

この2つのランドの場合、右側のランドからの熱の逃げが大きいので、**左のランドに予備はんだを行います。**

図5.12　2つのランドと熱の逃げ道

図5.13　ランドの上に糸はんだを置く

「はさみはんだ」と呼ばれる手法

図5.14　コテ先を糸はんだの上から当てる

図5.15　予備はんだが行われたランド

(4) 仮はんだ付けの手順

　予備はんだを行ったランドに、チップ抵抗の片側の電極をはんだ付けして固定します。このはんだ付けはチップ抵抗を基板に位置決めすることが目的なので、はんだの仕上がり状態は問いません（再度、はんだを追加して本はんだ付けを行うため、はんだ量は少量の方がよい）。

　仮はんだ付けの状態であれば、位置の修正が可能なので、基板のランド面から電極がずれて搭載されないように、慎重に位置決めを行います（図5.16参照）。

　また、このとき予備はんだで行ったはんだの厚み分、チップ抵抗が浮いたままはんだ付けされることが多いため、チップ抵抗が浮いていないか、基板を横から透かし見てチェックしておきます。浮いている場合は、ピンセットでチップ抵抗をそっと押さえながら、再度ハンダゴテのコテ先を当て、はんだを溶かして浮きを修正します。

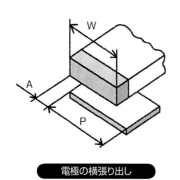

電極の横張り出し

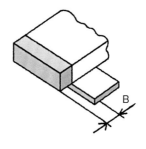

先端張り出し

単位:mm

特性	寸法	レベルA	レベルB	レベルC
最大横張り出し[5]	A	1/2Wまたは1.5の小さい方	1/3Wまたは1.5の小さい方	1/4Wまたは1.5の小さい方
先端張り出し	B	あってはならない	あってはならない	あってはならない

レベルA・・・家電品
レベルB・・・産業機器向け
レベルC・・・特殊用途（航空・宇宙、医療機器など）

図5.16　チップ抵抗の位置ずれ基準（JIS規格61191）

具体的に仮はんだ付けする方法としては、右利きの方の場合は、左手にピンセットを持ち、図5.17のようにチップ抵抗を摘んで予備はんだを行ったランドの上に、チップ抵抗の電極を重ねるように置きます。

次に図5.18のように、チップ抵抗をピンセットで摘んで位置決めしたまま、コテ先を予備はんだのはんだに当てて溶かし、チップ抵抗の電極をはんだ付けします。

この状態で基板を横から透かし見て、図5.19のようにチップ抵抗が浮いているようなら、ピンセットでそっと押さえながら、再度コテ先を当ててはんだを溶かし、修正します。つまり「浮きを解消する」のです（図5.20参照）。

もう1つ、チップ抵抗が浮きにくい方法としては、次のような方法があります。

①ピンセットでチップ抵抗を摘んでランドのすぐ近くの基板面に待機しておきます（図5.21参照）。

②コテ先を、予備はんだをほどこしたランド上のチップ抵抗の端となる

図5.17　ピンセットでチップ抵抗を位置決め

図5.18　予備はんだを溶かしてチップ抵抗の電極をはんだ付け

図5.19　仮はんだ付けで浮いたチップ抵抗

図5.20　ピンセットでチップ抵抗を押さえながらはんだを溶かして修正している

べき箇所に当てて、はんだを溶かします(図5.22参照)。
③チップ抵抗をスライドさせながら、溶けたはんだの上を滑らせます(図5.23参照)。
④コテ先にチップの端が当たったところで固定します(図5.24参照)。
⑤コテ先を離脱して、はんだが固まるのを待ちます(図5.25参照)。

図5.21　ピンセットでチップ抵抗を摘む

図5.22　ランド上のチップ抵抗の端となるべき箇所に当てる

図5.23　溶けたはんだの上を滑らせる

図5.24　コテ先にチップの端が当たったところで固定

はんだが固まるのを待つ

図5.25　コテ先を離脱して、はんだが固まるのを待つ

(5) 本はんだ付けの手順

　位置決めができれば、あとは反対側の電極をはんだ付けして、仮はんだ付けした側を再度フィレットが形成されるようにはんだ付けします。

　チップ抵抗の電極や基板表面が酸化していないきれいな状態であれば、フラックスの塗布は必要ありませんが、①3カ月以上保管したチップ抵抗や基板を使用する場合や、②3216サイズよりも小さいチップ抵抗では、使用するヤニ入り糸はんだの総量が少ないため、はんだに含まれているフラックスの総量が少なすぎて、フラックスの働きを十分得られないことが多くなります（オーバーヒート、ツノやイモはんだの発生、濡れ不足の原因になります）。

　フラックスを塗布しても問題ない環境でのはんだ付けであれば、塗布したフラックスをはんだ付け後に清掃する前提で使用されることをおすすめします。

　本はんだ付けの手順は次のようになります。

①フラックスを、チップ抵抗の電極とランド面が濡れるように塗布します（図5.26参照）。

②基板を180度回転して、はんだ付けされていない方の電極のすぐ横、ランド面の上に糸はんだを置きます（図5.27参照）。

③糸はんだの上からコテ先を当てて、はんだが溶けたら、コテ先の先端をチップ抵抗の電極に、平らな面をランド面に押し当てて熱を伝えます（図5.28参照）。

④図5.29のように、フラックスの働きで、はんだはランド面やチップ抵抗の電極部表面を覆います。

⑤はんだがランド面やチップ抵抗の電極部表面に流れていかない場合は、熱量不足が考えられます（図5.30参照）。ただしGNDパターンなどでは、母材とはんだの温度が両方ともなかなか上がりません。

⑥フラックスが働いている間のギリギリの時間、コテ先を当てて、はんだをなじませます。

⑦最後にはんだのなじみを目視で確認できたら、すみやかにコテ先を離します。図5.31のようなフィレットが形成されていることを確認します。

図5.26　フラックスを塗布したところ

図5.27　ランド面の上に糸はんだを置く

図5.28　コテ先を当て、はんだを溶かす

図5.29　はんだがランド面やチップ抵抗の電極部表面を覆っている (チップコンデンサの例)

図5.30　熱不足ではんだがまだ流れていない（電極部がまだはんだに濡れていない）

図5.31　フィレットが形成された良いはんだ付けになっている

近くにフラックスが付着し、「導通不良」になる恐れのあるコネクタなどがある場合は、フラックスを使用しない方がよいケースもあります。

(6) フラックスの掃除

　フラックスを塗布した場合は洗浄を行います。IPAなどの溶剤と歯ブラシを使って歯磨きのようにブラッシングしてやると、フラックスがIPAに溶け出すので、ウエスやキムワイプなどで拭き取ります。何度か繰り返すと、完全にフラックスを除去できます（図5.32~34参照）。

図5.32　IPAなどの溶剤

図5.33　歯磨きのようにブラッシング

図5.34　ウエスなどで拭き取る

5-5 はんだ付け不具合の例

(1) はんだの量が多すぎる

図5.35のように、はんだ付け部の形状が丸みを帯びて凸状に膨らんでいる場合は、はんだ量が多すぎます。はんだ量が多すぎると、第三者には熱不足状態と見分けがつかないため、NGとして判定します。また、はんだ量を多くすることで、チップ抵抗の端子の異常や、ランド面の異常（酸化など）を隠してしまうことができるため、やはり第三者には判別ができないことも理由の1つです。

はんだ量過多の場合、図5.36のようなWickを使って修正することができます。Wickにはんだを染み込ませてはんだを除去し、再度、適量のはんだを供給してはんだ付けを行います。

図5.35　はんだ量が多すぎる

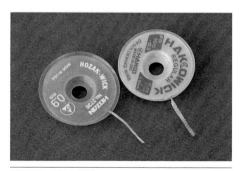

図5.36　Wickの例

Wickは、細い銅線を編んだもので、フラックスがコーティングしてあり、はんだが染み込みやすくなっています。熱が伝わりやすいため、短く持つと伝導熱でヤケドする恐れがあるため、図5.37のように5cm以上長めに持ちます。

Wickの先端を図5.38のように、除去したいはんだとランドの上に載るように当てて、コテ先をランド面に当てるようにして、はんだを溶かします（図5.39参照）。

図5.40のように、Wickにはんだが染み込めば、はんだの除去が完了

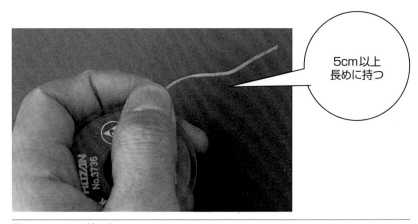

図5.37　Wickの持ち方

図5.38　Wickの当て方

図5.39　コテ先の当て方

 端子に押し当てるようにコテ先を当てると熱が伝わりにくく、はんだが溶けにくくなります。

ですが、コテ先を先に離してしまうと、Wickがそのままはんだ付けされてしまいます。図5.41のように、コテ先とWickを同時に離脱するようにしてください。

　はんだを除去した後は、再度フラックスを塗布して、極少量のはんだを追加しながらはんだ付けを行います（図5.42参照）。はんだ除去後は、ランドとチップ抵抗端子がはんだに濡れている状態なので、微量のはんだでもきれいに流れてフィレットを形成します。

図5.40　はんだが溶けてWickにはんだが染み込んでいる

図5.41　Wickとコテ先の離脱

（コテ先とWickを接触したまま離脱する）

図5.42　再はんだ付けの様子

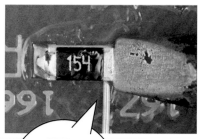

（微量のはんだでもきれいにフィレットを形成する）

(2) はんだの量が少なすぎる

図5.43～46のように、チップ抵抗の電極と基板のランドの間に、フィレットが認められないほど、はんだ量が少ない場合は、はんだ量が少なすぎると判断します。また、電極やランドがはんだに濡れていない場合や、ランド面がはんだに濡れているものの、表面が凸凹するほど、はんだが除去されてしまった場合も同様です。

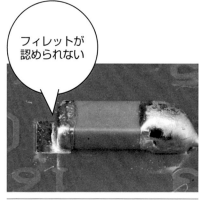

図5.43 はんだ量が少なすぎる

図5.44 はんだ量過少

図5.45 はんだ量過少

図5.46 はんだ量過少。Wickで除去したままの状態

不足したはんだを追加するには、フラックスを塗布して、極少量のはんだを追加しながらはんだ付けを行います。

(3) オーバーヒート

図5.47①～③のように、フラックスが活性化している間に、はんだ付け作業が完了しなかった場合は、はんだ表面のフラックス膜が破れ、破れた箇所から酸化が始まります。酸化したはんだの仕上がり表面は、凸凹、ザラザラに変質し、表面は光を乱反射するため白っぽく見えます。

オーバーヒートしたはんだ付け箇所を修正するには、軽度のものなら、フラックスを塗布して再溶融すれば、フラックスの還元作用で酸化状態が修正されます。重度のオーバーヒートの場合は、はんだ量過多の修正のときと同様、Wickにはんだを染み込ませてはんだを除去し、再度、適量のはんだを供給してはんだ付けを行います。

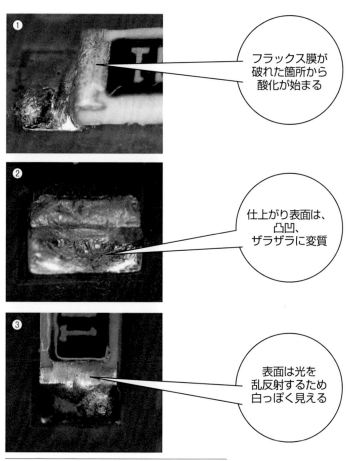

図5.47　オーバーヒート不良の例

(4) 熱量不足によるイモはんだ（なじみ不足）

図5.48のように、はんだ付け時の熱量が不足した場合は、はんだ表面は滑らかでピカッと光りますが、フィレットの形状が水滴のように膨らんだ丸っぽい形状になります。熱不足の場合は、はんだと電極やランドの間の接合面に合金層が必要な厚さ（2~3μm）形成されていない恐れがあります。

熱量不足によるイモはんだを修正するには、再度ハンダゴテを使って加熱します。熱不足の場合は、フラックスもまだ蒸発していないことが多く、加熱したコテ先を当てるだけで修正できることがありますが、一度は加熱されているので、フラックスが活性化している時間が短くなります。十分な加熱時間を確保するためにも、図5.49～50のようにフラックスを塗布して、糸はんだを追加せずにはんだ付け部を加熱した方が修正は容易です。

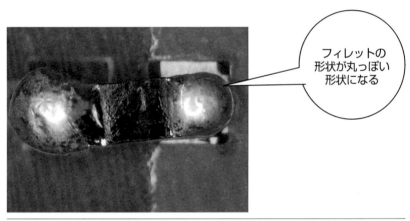

フィレットの形状が丸っぽい形状になる

図5.48　熱量不足によるイモはんだ

図5.49　フラックスの塗布

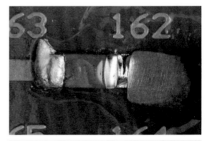

図5.50　加熱したコテ先による再加熱

(5) 部品の交換修理（部品の浮き、ずれ、破損）

　チップ抵抗をはんだ付けした際、チップ抵抗が浮いていたり、ずれていたり、チップ抵抗そのものが欠けたりして破損している場合があります。こうした場合、幅の広い形状のコテ先を使って、チップ抵抗の両方の電極のはんだを同時に溶かして修正することも可能ですが、本書では安全に修正する方法を一例としてあげておきます。

　なぜなら、市販のピンセット型のハンダゴテを使うなどの方法もあるのですが、慣れないと、基板のランドを剥がしてしまうなどの致命的な不具合を引き起こす可能性が高いからです。

　基板のランドに応力をかけずにチップ抵抗を除去するためには、2本のハンダゴテを使用します。コテ先は、C型やD型などのチップ抵抗の電極の形状に合っていて、熱を効率よく伝えられる形状のものを選択します。図5.51のように、この2本のハンダゴテを使って、チップ抵抗の両方の電極にコテ先を当てはんだを同時に溶かします。すると、チップ抵抗は、はんだの表面張力によって、どちらかのコテ先に付着してランドから取り外されます（図5.52参照）。

図5.51　2本のハンダゴテによってチップ抵抗を取り外す

図5.52　表面張力によりコテ先に付着したチップ抵抗

基板のランドに応力をかけずにチップ抵抗を除去するためには、2本のハンダゴテを使います。

ハンダゴテを2本使った交換作業の詳しい手順を図5.53に示します。

取り外したチップ抵抗は、コテ台の塗らしたスポンジなどで拭い落とします。外したチップ抵抗は、熱的にダメージを受けている可能性があるので、再利用は避けます。チップ抵抗を外した基板のランドは、片側のランドのはんだをWickで除去します。

反対のランドに残ったはんだは、予備はんだとして新しいチップ抵抗をはんだ付けするのに使用すると効率的です。その後は最初からはんだ付けする場合の作業と同じです。

(6) 修正後のチェック

はんだ付け部を修正した後は、フラックスを塗布した場合は、洗浄を行います。はんだ付け部にフィレットが形成されているかをチェックします。最近は、部品がどんどん小型化しているので、肉眼では観察することが難しくなっています。6~10倍程度の拡大鏡や実体顕微鏡を使ってチェックすることをおすすめします。自分では「上手にできた！」と思っていても、拡大すると思わぬ不具合が見つかるものです。

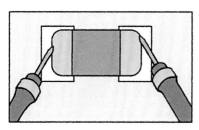

①フラックスを塗布し、2本のコテを使ってチップ抵抗を取り外す

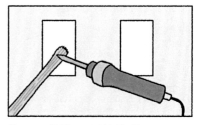

②Wickで片側のはんだを吸い取る

③フラックスを塗布し、予備はんだ量を調整する

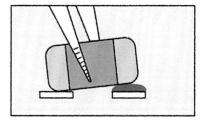

④ピンセットで固定して、仮はんだする。このときはんだが溶けにくい場合はフラックスを塗布する。反対側をはんだ付けした後、洗浄液でフラックスを除去する

図5.53　ハンダゴテを2本使った交換作業の手順

第6章
SOP、QFPの表面実装

⑥-① SOP、QFPのはんだ付け

　図6.1の①は、大きさ5mm角（5mm×5mm）程度の8ピンSOPをはんだ付けした部分を拡大した写真です。SOPの端子表面は薄くはんだに濡れて覆われており、基板のランド上に、図6.1の②のように4方向になだらかな曲面を描く、美しいフィレットが形成された見本です。

　SOPやQFPは、集積回路を納めた黒いパッケージ部分の両サイド、あるいは4方向に向かって、細いリードが放射状に多数突き出した形状をしており、端子が狭い間隔でずらりと並んでいることもあって、「はんだ付けすることが難しい」と思われがちです（図6.2参照）。

　しかし、いくつかの要点を押さえておけば、さほど難しい作業ではあ

図.6.1　①SOPの表面実装（拡大）と、②端子の4方向

りません。その要点とは、下記の5つです。
① D型(マイナスドライバー型)やC型(丸棒を斜めにカットした形状)の
　コテ先を使って広い接触面積で熱を伝える(図6.3参照)。
② 基本的に基板面(ランド面)から熱を伝える。
③ フラックスを塗布する。
④ コテ先温度は350℃程度に設定する。
⑤ 表面張力を活用する。
　この要点を押さえつつ、SOPやQFPをはんだ付けする方法を順を追って見てみましょう。

両サイドに突き出している(SOP)

4方向に突き出している(QFP)

図6.2 端子の方向

D型コテ先

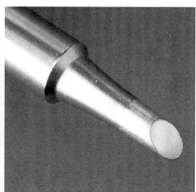
C型コテ先

図6.3　コテ先の形状

6-2 基板の確認（基板のランド面、熱の逃げ道の確認）

　チップ抵抗のはんだ付けの時と同様、部品をはんだ付けする前に、基板のランド面が酸化していないか、汚れていないかを確認しておきます。電子部品をはんだ付けする時の基本です。図6.4〜5にSOPとQFPのきれいなランド面を示します。

　SOPやQFPのような電子部品は、元々、自動機で実装することを前提にして設計されています。このため、リフロー炉のような大型の電気炉で基板全体を炉で熱してはんだ付けすることが想定されています。したがって、基板の設計も十分な熱量が基板全体に供給されることを前提とされているため、一部のランドがグランドパターン上に作られるなど、

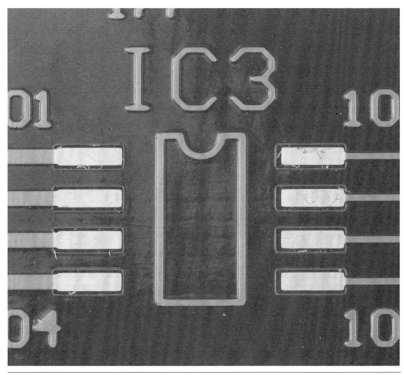

図6.4　SOPのきれいなランド面

熱の逃げやすいランドになっていることがあります（ハンダゴテを使ってはんだ付けすることが想定されていない）。したがって、はんだ付け作業の前に、基板をよく観察して、はんだ付けに必要な熱量を予測しておく必要があります。

SOPやQFPなどの電子部品は、自動機で実装することを前提に設計されています。

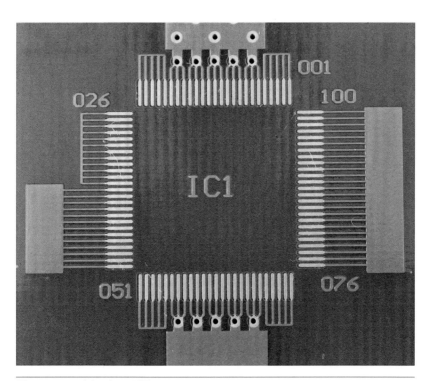

図6.5　QFPのきれいなランド面

⑥-③ ハンダゴテとコテ先の選択

　基板を観察して、必要な熱量が予測できたら、予測した熱量よりも大きな熱量を供給できるハンダゴテを選びます。SOPやQFPは、リードが細くて小さく、図6.6のようにその間隔がとても狭いため、細いハンダゴテを使った方が有利だと勘違いする人が多いのですが、十分な熱量が供給できないと、はんだを溶かすことができないので、余裕のある出力のハンダゴテを選びます。

　コテ先は、広い接触面積で基板面（ランド面）から熱を伝えることを考慮すると、平らな面をコントロールしやすいD型（マイナスドライバー型、図6.7）やC型（丸棒を斜めにカットした形状、図6.8）のコテ先が望ましいといえます。

図6.6　細くて、間隔の狭いQFPのリードの例

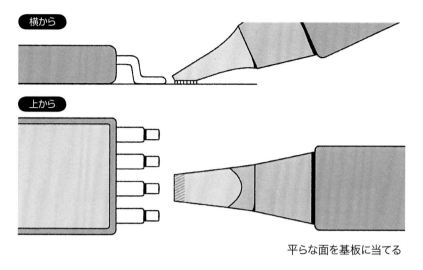

図6.7　D型コテ先の当て方(平らな面のコントロール)

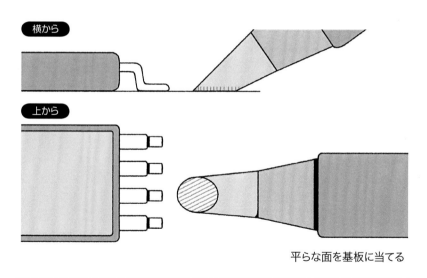

図6.8　C型コテ先の当て方(平らな面のコントロール)

また、D型、C型ともに平らな面の幅は、並んだリードが3本以上を図6.9のように、一度に加熱できるものが望ましいです。

　こうした部品のはんだ付けでは、図6.10のような先のとがった細いコテ先を選択してしまう人が多いのですが、基板面から逃げる熱量の大きさを考えると、供給できる熱量が小さすぎて、うまくはんだ付けすることはできないので気をつけてください。

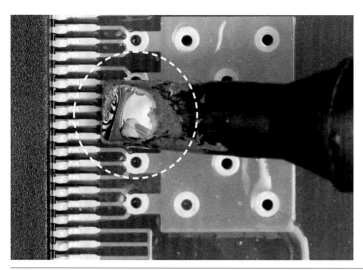

図6.9　リード3本よりも幅の広いコテ先

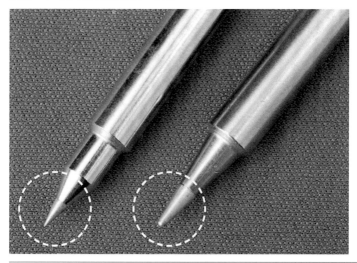

図6.10　先のとがったコテ先の例（供給できる熱量が小さい）

6-4 SOP、QFPの はんだ付け作業の注意点

(1) 糸はんだの太さの選定

φ0.3mm～φ0.6mm程度のものであれば、作業性に差異なく使用することができます。

無理に細い糸はんだを用意しなくても大丈夫です。コテ先温度は、340℃程度に設定します。

(2) 予備はんだ

SOP、QFPを位置決めするために、1カ所予備はんだ付けを行います（図6.11～12の位置を参照）。いずれも角の部分に当たる1カ所のランドにはんだ付けを行います。

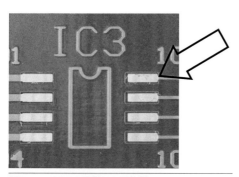

図6.11　SOPの予備はんだ位置

あらかじめ対角の2カ所のランドに予備はんだを行っておくと、予備はんだが邪魔をして、位置決めができないので注意してください。

図6.12　QFPの予備はんだ位置

図6.13~15のように、糸はんだを予備はんだを行うランドの上に置き、糸はんだを基板とコテ先ではさみ込むようにしてはんだを溶かすと、簡単にランドに予備はんだが行われています。これは「はさみはんだ」と呼ばれる手法です。

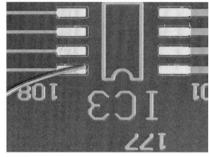 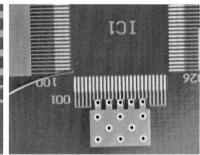

SOP　　　　　　　　　　　　　　QFP

図6.13　ランドの上に糸はんだを置く

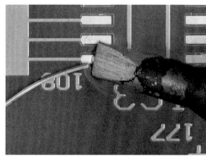 

SOP　　　　　　　　　　　　　　QFP

図6.14　コテ先を糸はんだの上から当てる

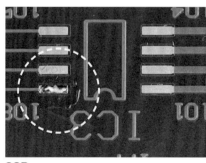 

SOP　　　　　　　　　　　　　　QFP

図6.15　予備はんだが行われたランド

(3) 位置決めと仮はんだ付け

予備はんだを行ったランドに、SOPまたは、QFPの電極をはんだ付けして部品を仮に固定します。このはんだ付けは部品を基板に位置決めすることが目的なので、はんだの仕上がり状態は問いません（再度、はんだを追加して本はんだ付けを行うため、はんだ量は少量の方がよい）。また、図6.16～17のようにSOPやQFPには極性があるので、基板のシルク表示と部品の形状、インデックス（ドットマーク）をよく確認して、

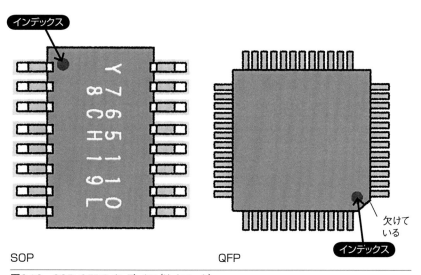

図6.16　SOP、QFPのインデックス（ドットマーク）

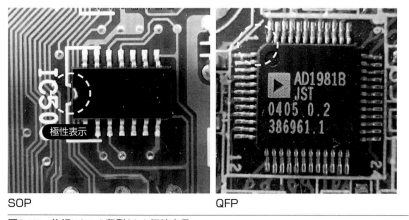

図6.17　基板にシルク印刷された極性表示

間違いがないように位置決めを行います。

　仮はんだ付けの状態であれば、位置の修正が可能なので、基板のランド面から電極がずれて搭載されないように、慎重に位置決めを行います。特にQFPは、リード間の間隔が狭くランドの幅が狭いため、わずかなずれが短絡の原因になったり、フィレット形成の障害になります。実体顕微鏡や拡大鏡を用いて、4辺のリードがすべてランドの上にずれなく載るように位置を調整します。

　図6.18にSOP、QFPのJIS位置ずれ基準を示します。

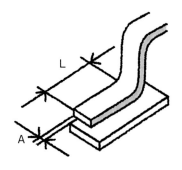
横張り出し

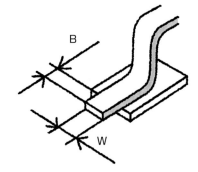
先端張り出し

特性	寸法	レベルA	レベルB	レベルC
最大横張り出し	A	1/2Wまたは0.5の小さい方[4] 1/3W（0.5mmピッチ以下の部品）	1/2Wまたは0.5の小さい方[4] 1/3W（0.5mmピッチ以下の部品）	1/4Wまたは0.5の小さい方[4]
最大先端張り出し	B	1/2W[4]	あってはならない	あってはならない

レベルA・・・家電品
レベルB・・・産業機器向け
レベルC・・・特殊用途（航空・宇宙、医療機器など）

図6.18　SOP、QFPリードの位置ずれ基準（JIS規格61191）

また、1カ所、端子を仮はんだ付けしたら、次にSOP、QFPを完全に位置決めして固定するために、仮はんだ付けした端子の対角線に当たる位置の端子を仮はんだ付けします(図6.19〜20参照)。

　このときの仮はんだ付けは、はさみはんだの要領で、ハンダゴテと糸はんだを使って行います。

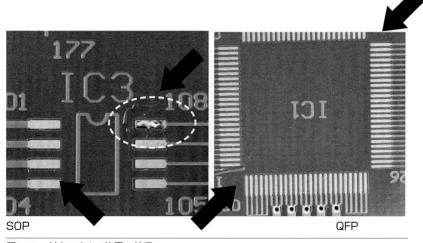

SOP　　　　　　　　　　　　　　　　　QFP

図6.19　対角に当たる位置の端子

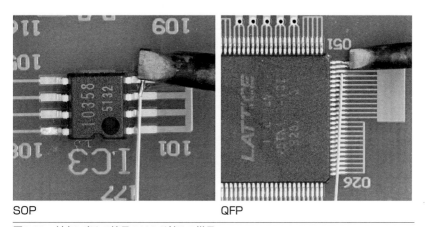

SOP　　　　　　　　　　　　　　　　　QFP

図6.20　対角に当たる端子のはんだ付けの様子

図6.21のように、対角に当たる2カ所の仮はんだ付けが完成したら、基板のランドとSOP、QFPの端子の位置決めが合致しているかを再度チェックします。この段階なら、まだ位置の修正が可能だからです。位置調整が必要な場合は、仮固定した端子のはんだをコテで溶かしながら、微調整を行います。

(4) 本はんだ付け
　位置決めができたら、残りの端子をすべてはんだ付けします（仮はんだ付けした箇所も一緒に本はんだ付けしてしまいます）。

SOP

QFP

図6.21　位置決めできたSOP、QFP

ここがポイント！ 最初の1カ所目は、予備はんだで行ったはんだの厚み分、部品が浮いたままはんだ付けされることが多いため、端子が浮いたまま位置決めされていないかを基板の横から透かし見てチェックしておきます。

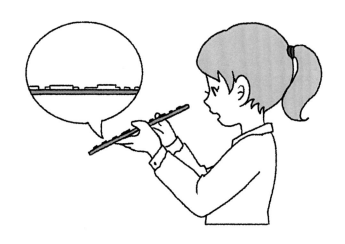

6-5 SOPのはんだ付け
（D型コテ先を使用した場合）

（1）作業の手順

　SOPの端子と基板のランド面にフラックスを塗布します。SOPのように電極の細かな電子部品の端子へのはんだ付けのはんだ量は微量であるため、糸はんだに含まれるフラックスも極少量しか含まれません。したがって、液体フラックスを塗布して足りないフラックスをおぎなってやる必要があります。フラックスの塗布範囲は、図6.22のようにSOPのリードと基板のランド面、そしてコテ先が触れると思われるランド周辺の基板面です。

①コテ先の当て方

　コテ先の当て方は図6.23のように、D型コテ先の平らな面が基板面（ランド面）に水平に当たるようにします。コテ先の熱をできるだけ広い面で基板面（ランド面）に伝えるためです。したがって、コテ先が立ったり、傾いていたりすると熱が効率よく伝わらないため、うまくはんだ付けすることができません（図6.24参照）。

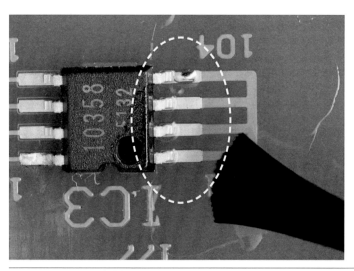

図6.22　フラックスの塗布範囲

図6.23 コテ先の当て方

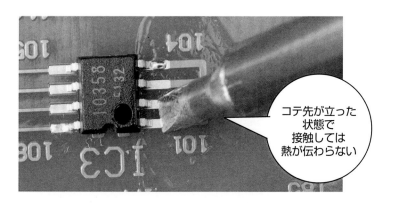

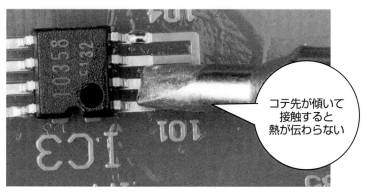

図6.24 コテ先が立ったり、傾いたりしてはいけない

②コテ先をはじめに当てる箇所

コテ先を最初に当てる箇所は、図6.25のように仮はんだ付けしていない端子からです。最初に仮はんだ付けした箇所にコテ先を当ててしまうと、せっかく仮はんだ付けして位置決めしたSOPが動いてしまうからです。

③糸はんだを少しコテ先に当てる

図6.26のように、コテ先を基板面（ランド面）に当てる直前に、糸はんだを少量コテ先に直接当てて溶かします。そして、フラックスが蒸発してしまわないうちに素早くコテ先を反転させ、基板面にそっと置くようにコテ先を当てます（図6.27参照）。

④コテ先をSOPの端子先端に当てる

図6.28のように、コテ先を基板面にそっと当てたら、コテ先を基板面からけっして離さないように、ゆっくりとコテ先を移動して、SOPの端子の先端に触れます。

図6.25　最初にコテを当てる位置(矢印のどちらかからスタートしてもOK)

図6.26 コテ先へ糸はんだを当てて溶かす(このはんだ量が目安)

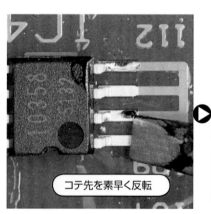
コテ先を素早く反転

図6.27 コテ先を反転させて、素早く基板面にそっと当てる

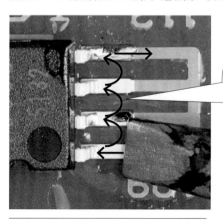

ゆっくりとコテ先を移動させ、SOPの端子の先端に触れる

図6.28 コテ先の移動する道

そして、コテ先の動きを決して止めないように、基板面からはコテ先を浮かさないまま（図6.29）、同じ速度で水平移動し、基板面を加熱しながら図6.30のように、隣の端子の先端にコテ先を触れます（コテ先が2～3本の端子に同時に当たってもまったく問題ありません）。

　これを4回繰り返すと、はんだ量は均等になり、美しいフィレットが形成されたはんだ付けが完成します。コテ先が移動している間は、糸はんだの供給は行いません。最初にコテ先に直接当てて溶かしたはんだだけで4本の端子のはんだ付けを完了します。

　この方法だ、端子の上面にコテ先を当てなくても基板面から大きな熱量を伝えることが可能なので、バックフィレットもきれいに形成されます（図6.31～32参照）。

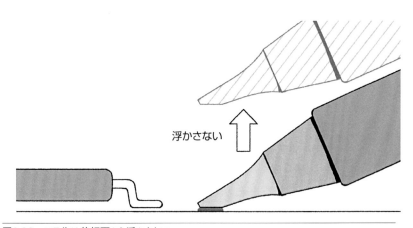

図6.29　コテ先は基板面から浮かさない

　コテ先の当て方は、D型コテ先の平らな面が基板面（ランド面）に水平に当たるように当たるようにします。コテ先の熱をできるだけ広い面で基板面（ランド面）に伝えるためです。

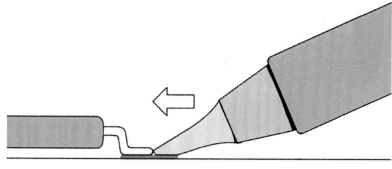

コテ先の先端を端子(リード)の先端に触れる

図6.30　コテ先を端子の先端に触れる

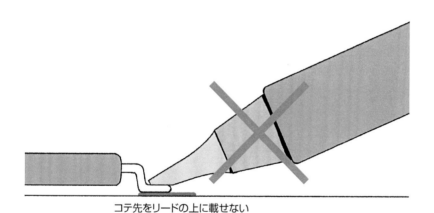

コテ先をリードの上に載せない

図6.31　コテ先を端子の上に当てない

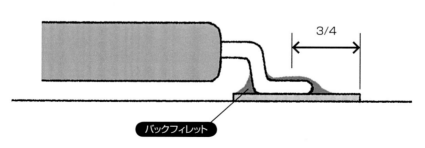

バックフィレット

図6.32　バックフィレットもきれいに形成される

(2) 良好なはんだ付けのコツ

　なぜ、コテ先に最初に糸はんだを直接当てて溶かすのか？を解説すると、コテ先と基板面の間に溶けたはんだを表面張力により保持することで、コテ先の熱を最大限効率的に熱を伝えることができるからです（図6.33参照）。

　また、コテ先に付着したままの溶けたはんだは、温度がどんどん上昇して、コテ先と同じ温度にまで上昇するように思われるかもしれません。しかし、冷たい（室温の）基板面を同じ速度で接触しながら移動することで、コテ先に付着したはんだの熱は常に奪われるので、移動するスピードをコントロールすることで、はんだ付けに最適な温度である約250℃を保つことができます（図6.34参照）。

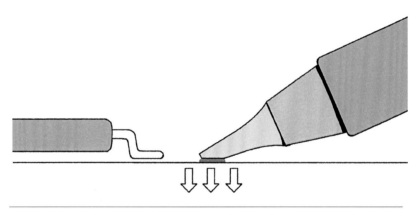

図6.33　溶けたはんだを通して基板面に熱が伝わる

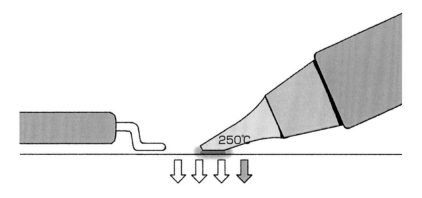

図6.34　基板面から熱を奪われるため、溶けたはんだの温度は250℃に保たれる

さらには、基板面に塗布されたフラックスにより、溶けたはんだの周囲は覆われており、酸素と触れることがないので、はんだが酸化することがありません（図6.35参照）。
　したがって、適温で十分な熱量とフラックスの効果が働くことで、良好なはんだ付けが可能になるわけです。そのコツは、
①最初にコテ先に直接当てて溶かしたはんだのフラックスが、蒸発しない瞬時の間に、コテ先を反転して基板面に当てること。
②コテ先を基板面に表面張力が働くように平らに当てること。
③コテ先を常に等速度で適切なスピードで移動して、コテ先と基板面にはさまれた溶けたはんだの温度を約250℃に保つこと。
④コテ先を基板面からけっして離さないこと。
などです。
　少し練習すると、誰でも簡単に数分で図6.36のような美しいはんだ付けができるようになります。

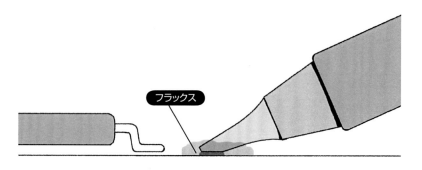

図6.35　コテ先と基板面、フラックスにより酸素が遮断されている

図6.36　美しくはんだ付けされたSOP

6-6 QFPのはんだ付け(D型コテ先を使用した場合)

　QFPのはんだ付けも基本的にはSOPと同じです。QFPの4辺の1辺づつを、最初にコテ先に供給したはんだで仕上げていきます。大型のQFPの場合、端子は細かでその間隔は0.3mm～0.5mm程度と非常に狭いため、D型のコテ先の場合、一度に3～5本程度の端子の先端に触れていくことになります(図6.37~39参照)。

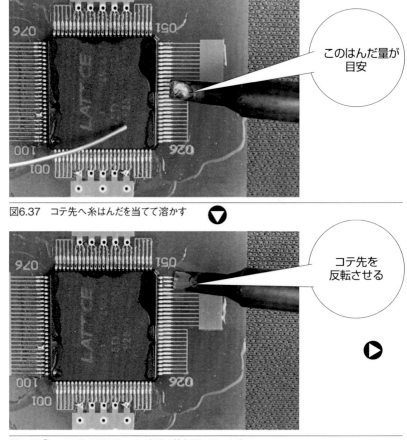

図6.37　コテ先へ糸はんだを当てて溶かす

図6.38①　コテ先を反転させて、素早く基板面にそっと当てる

図6.38② SOPと同様、コテ先を基板面から浮かさずに水平移動しながらQFPの端子先端に触れていく

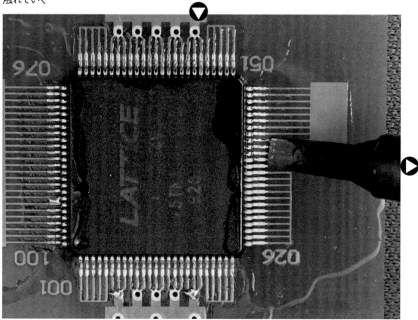

図6.38② コテ先を等速度で移動することで、コテ先と基板の間に保持された溶融はんだの温度を250°にコントロールする

図6.38③　途中糸はんだの補給は必要ない

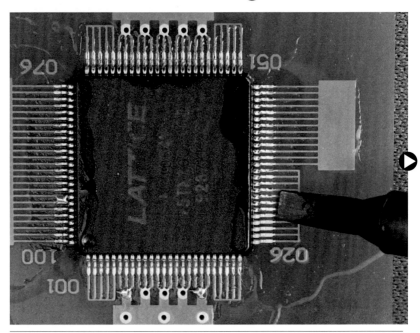

図6.38④　コテ先が傾いたり、部分的に浮いたりしないよう水平に移動していく

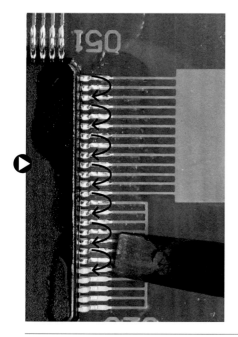

図6.39 コテ先の移動する道

ここがポイント

コテ先は基板面から浮かさない、コテ先を端子の先端に触れる、コテ先を端子の上に当てない、などの注意点は基本的にSOPと同様で、これらを守れば図6.40のようなきれいなQFPのはんだ付けが行えます。

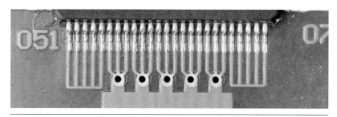

図6.40 美しくはんだ付けされたQFPのはんだ付け部

6-7 はんだ付け不良の例

慣れないうちは、コテ先を移動するスピードが掴めず、遅すぎるとはんだが高温になり過ぎてオーバーヒートを起こしたり、早すぎると熱不足により、未はんだやイモはんだが発生します。以下に、不良の例と修正方法について説明しておきます。

(1) ショート(短絡)、ブリッジ

最初にコテ先に付着させるはんだ量が多かったり、オーバーヒートを起こす、あるいは熱不足でもショート(短絡)、ブリッジが発生します(図6.41参照)。この場合、再度フラックスを塗布して、コテ先をきれいに掃除した状態で、もう一度、同じようにコテ先を当てて、コテ先を移動しながら、端子の先端にコテ先を触れていくと高い確率で修正できます。

これは、余ったはんだが表面張力でコテ先と基板面の間に逃げてくることで、余分なはんだが除去されるからです(図6.42参照)。

逆に、はんだが不足しているときには、表面張力により図6.43のように、はんだが端子のほうへ移動するので、全体のはんだ量は均等に分

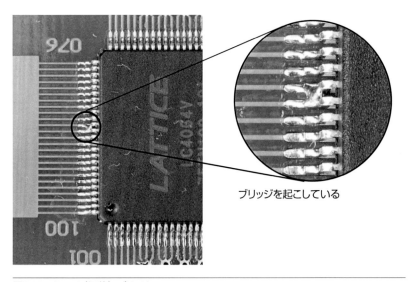

図6.41　ショート(短絡)、ブリッジ

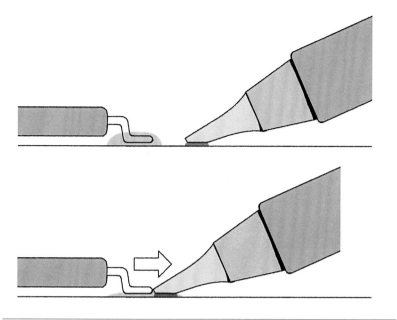

図6.42　表面張力によりはんだがコテ先へ移動

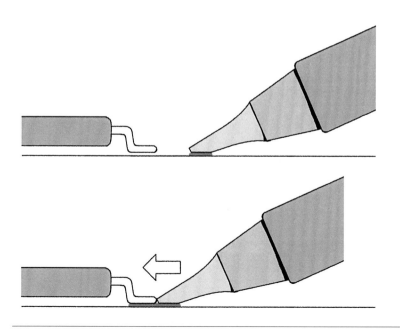

図6.43　表面張力によりはんだが端子へ移動

配されます。

　この方法で、ショート、ブリッジが修正できない場合は、Wickを使ってはんだを除去します。Wickの先端を図6.44のように、SOP、QFPの端子とランドの上に載るように当てて、コテ先をランド面に当てるようにしてはんだを溶かします(図6.45参照)。

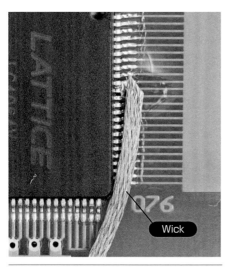

ここがポイント

端子に押し当てるようにコテ先を当てると熱が伝わりにくく、はんだが溶けにくい。また、端子が変形する原因となります。

図6.44　Wickの当て方

図6.45　コテ先の当て方

Wickにはんだが染み込めば、はんだの除去は完了ですが、コテ先を先に離してしまうと、Wickがそのままはんだ付けされてしまいます。コテ先とWickを同時に離脱するようにしてください（図6.46参照）。

　はんだを除去した後は、再度フラックスを塗布して、極少量のはんだをコテ先に付着させて、一から同じ方法ではんだ付けを行います。1辺の端子の端から端まですべての端子にコテ先を当てていきます（正常にはんだ付けされている箇所にも当てていきます。はんだ量を均等にするためです）。

　はんだ除去後は、ランドと端子がはんだに濡れている状態なので、微量のはんだでもきれいに流れてフィレットを形成します。

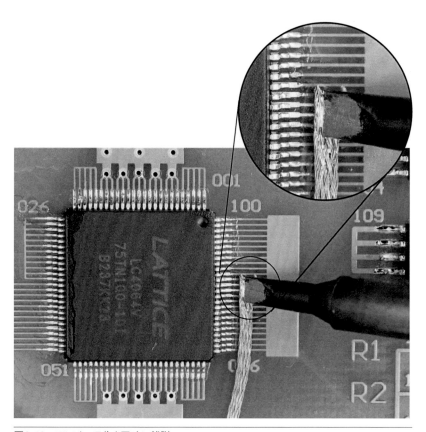

図6.46　Wickとコテ先を同時に離脱

(2) 熱不足、はんだ量過少、バックフィレットの未形成

(1)のショート(短絡)、ブリッジの修正のときに、Wickではんだを除去した後と同様、再度フラックスを塗布して、少量のはんだをコテ先に付着させて、一から同じ方法ではんだ付けを行います。一辺の端子の端から端まで、すべての端子にコテ先を当てていきます(正常にはんだ付けされている箇所にも当てていきます。はんだ量を均等にするためです)。

図6.47〜52のように、電極やランドがはんだに濡れていなかったり、バックフィレットが形成されていないのは熱不足が原因です。さらには、コテ先の移動速度が速すぎるのが原因なので、少しゆっくりめの速度でコテ先を移動するとよいです。

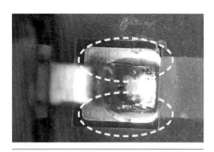

図6.47 はんだ量過少(フィレットが認められないもの)

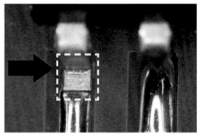

図6.48 はんだ量過少(電極がはんだに濡れていないもの)

図6.49 はんだ量過少(ランド面が濡れていないもの)

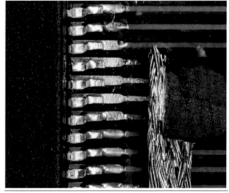

図6.50 はんだ量過少(Wickではんだが除去されてランド面の表面が凸凹しているもの)

(3) はんだ量過多

図6.53のように、はんだ付け部の形状が丸みを帯びて凸状に膨らんでいる場合は、はんだ量が多すぎます。はんだ量が多すぎると、第三者には熱不足状態と見分けがつかないため、NGとして判定します。また、はんだ量が多くすることで、SOP、QFPの端子の異常や、ランド面の異常(酸化など)を隠してしまうことができるため、やはり第三者には判別ができないことも理由の1つです。

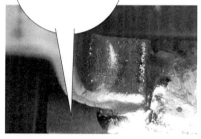

図6.51 バックフィレットの未形成

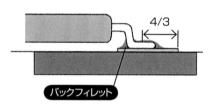

図6.52 バックフィレットの図

図6.53 はんだ量過多

(4) オーバーヒート

フラックスが活性化している間に、はんだ付け作業が完了しなかった場合は、はんだ表面のフラックス膜が破れ、破れた箇所から酸化が始まります。酸化したはんだの仕上がり表面は、凸凹、ザラザラに変質し、表面は光を乱反射するため白っぽく見えます。ツノが発生するのもオーバーヒートが原因です。

図6.54のように、オーバーヒートしたはんだ付け箇所を修正するには、軽度のものなら、再度フラックスを塗布して、コテ先をキレイに掃除した状態で、もう一度、一から同じようにコテ先を当てて、コテ先を移動しながら、端子の先端にコテ先を触れていくと高い確率で修正できます。フラックスを塗布して再溶融すれば、フラックスの還元作用で酸化状態が修正されます。

重度のオーバーヒートの場合は、はんだ量過多の修正のときと同様、Wickにはんだを染み込ませてはんだを除去して修正します。

 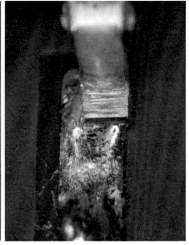

図6.54　オーバーヒートの例

(5) はんだボール、はんだクズ

　Wickを使ってはんだを除去した跡に、図6.55~56のように、はんだボールやはんだクズが残ることがあります。こうした電子部品のはんだ付け部の検査には、実体顕微鏡（6~20倍）を使用します。肉眼では不良を検出することは困難です。特に、端子間の狭いSOPやQFPでは、端子間にはんだボールやはんだクズがが残っていると、電気的ショートを起こして致命的欠陥になってしまいます。

(6) 端子の曲がり、ランドの剥離

　SOPやQFPの端子は金属製ですが、非常に細いため軟らかいです。このため、コテ先が強く当たると図6.57のように簡単に曲がってしまいます。また、基板のランドも熱を掛けた状態で力を加えると、簡単に剥離してしまいます（図6.58参照）。どちらもハンダゴテのコテ先を当てる際は、そっと当てるようにします。

図6.55　はんだボール

図6.56　はんだクズ

図6.57　端子の曲がり

図6.58　ランドの剥離

(7) フラックスの掃除

　フラックスを塗布しているので、洗浄を必ず行います。図6.59のように、IPAなどの溶剤と歯ブラシを使って歯磨きのようにブラッシングしてやると、フラックスがIPAに溶け出すので、ウエスやキムワイプなどで拭き取ります（図6.60参照）。何度か繰り返すと、完全にフラックスを除去できます。

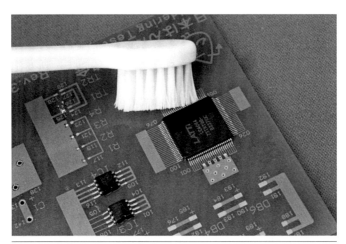

図6.59　歯ブラシとIPAによる掃除

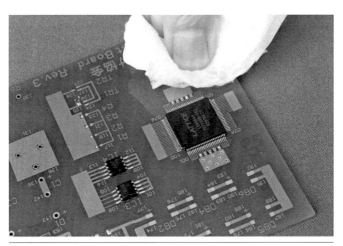

図6.60　キムワイプによる拭き取り

第7章 リード挿入部品（アキシャル・ラジアル・DIP）のはんだ付け

7-1 強固で美しいはんだ付けを行うポイント

図7.1は、図7.2のような形状（アキシャル）の抵抗のリードを基板のスルーホール（図7.3参照）に挿入して、図7.4のように実装し、裏側からはんだ付けした部分の拡大写真です。リードの表面は、滑らかなはんだに覆われており、丸いランドの端に近づくにつれ富士山の裾野のように広がって、なだらかな曲面を描いています。

また、リードをカットした先端も薄くはんだに覆われています。最近は、表面実装型の電子部品が主流になってきましたが、こうしたリード挿入部品もまだまだはんだ付けする機会は多く、強固で美しいはんだ付けを行うには、いくつかのポイントがあります。順を追って見てみましょう。

富士山のようにきれいに裾野が広がっている

図7.1　抵抗リード（アキシャル抵抗）のはんだ付け部

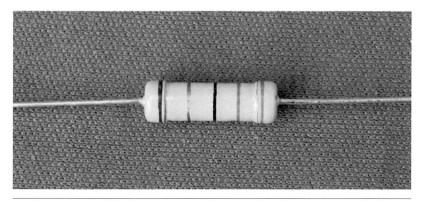

図7.2　部品単体の写真

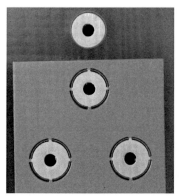
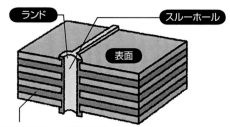

内部の銅パターン回路をサンドイッチ

基板の表裏を、穴の内壁に作られた銅の回路によってつないでいる構造の部品を挿入するための穴。積層基板では内部の回路とも内壁によって導通がとられている。

図7.3　基板のスルーホール(左)と断面図

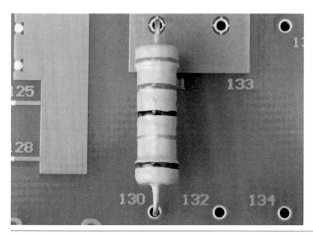

図7.4　部品面側からの写真(基板に挿入した抵抗)

7-2 基板の確認
(基板のランド面の確認)

アキシャル抵抗をはんだ付けする前に、基板のランド面が酸化していないか、汚れていないか確認しておきます(図7.5参照)。

ランド面が酸化して変色してしまった基板は濡れが悪く、はんだを弾きます。ランド面に予備はんだを行ってみて、はんだの濡れ具合をチェックしておいた方がよいです。

図7.6は、片側のはんだ付けランド部がグランドパターン上に作られた、熱の逃げやすいランドです。左側のランドは、熱の逃げ道が小さいため、簡単にはんだを溶かすことが可能です。ところが右側のランドは「サーマルパッド」といって、熱が逃げにくいように、グランドパターンとの間にスリットが設けてあるにもかかわらず、グランドパターンから逃げる熱量が大きいです。このため、熱容量が大きく高出力なハンダゴテでないと、はんだを溶かすことが難しいと予想されます。

このように、まずは基板を観察して、はんだ付けに必要な熱量を予測して、ハンダゴテやコテ先を選択します。

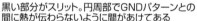

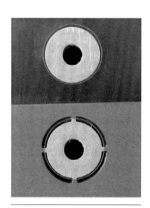

図7.5 きれいなランド面

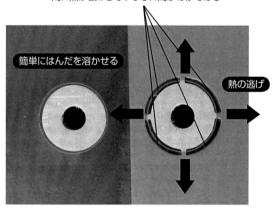

図7.6 グランドパターンに接続された熱の逃げやすいランド

7-3 ハンダゴテとコテ先の選択

　基板を観察して、必要な熱量が予測できたら、予測した熱量よりも大きな熱量を供給できるハンダゴテを選びます。コテ先は、D型（マイナスドライバー型）は、蓄えられる熱量が小さいため、大きな熱量を必要とする基板のランドや大型の抵抗には向きません。太目のC型コテ先や、R型、NP型と呼ばれる抵抗リードとランド面を一度に両方加熱できる形状のコテ先を選択します。

図7.7　D型コテ先の例（大きな熱量を必要とする場合には向かない）

図7.8　C型コテ先の例（太いものを選択すれば大きな熱容量にも対応可）

リードとランドの両方に効率よく熱を伝えることができる

図7.9　R型、NP型の例

7-4 抵抗リード（アキシャル抵抗）のはんだ付け

(1) 糸はんだの太さの選定

1/4ワットから2ワット程度の大きさの抵抗リードであれば、φ0.5mm～φ0.8mm程度の太さの糸はんだを使用すると、はんだ量のコントロールが容易です。

(2) コテ先温度

コテ先温度は、340～360℃程度に設定します（360℃は超えないようにします）。

(3) 予備はんだ

どんな電子部品でも製造されてから日数を経ると、端子の表面が酸化したり、めっきの下地のニッケル原子が拡散して表面に出現してくるため、はんだへの濡れが悪くなってきます。はんだの濡れが悪くなると、図7.10のようにリードとはんだの境目に段ができます。

電子工作などでは気にするレベルではありませんが、信頼性が問われる航空・宇宙・医療などの分野では、万が一の不具合の発生を防ぐために、

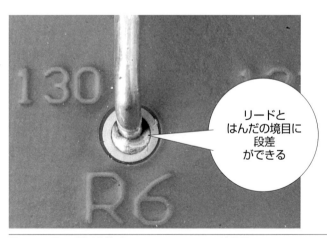

図7.10　濡れが悪く段差ができたリードと、はんだの境界面

図7.11のように、リードとはんだの境目がわからないほど滑らかに濡れていることが要求されます。

リードへのはんだの濡れをよくするためには、リードにあらかじめ予備はんだを行っておきます。ただし、リードに直接コテ先を当てて加熱すると、抵抗やダイオードなど本体部が熱的にダメージを受けて損傷する恐れがあります。そこで、アルミ製のヒートクリップなどで抵抗やダイオードの根元をクリップして熱を逃がし、本体部に熱がかからないようにして予備はんだを行います（図7.12参照）。

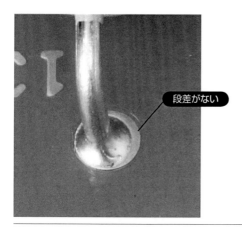

図7.11　濡れがよいため段差がないリードと、はんだの境界面

図7.12　ヒートクリップの使用方法

予備はんだの方法は、より線に予備はんだを行ったときと同様、C型などのコテ先の平ら面上ではんだを溶かし、溶けたはんだにリードをくぐらせます（**図7.13参照**）。

　予備はんだを行った後は、IPAを染み込ませたウエスなどでリードをきれいに拭き取り、フラックスの残渣を除去しておきます（**図7.14参照**）。

(4) 基板へのリード挿入（部品を基板に搭載する）

　部品を基板に搭載します。アキシャル抵抗の場合は、2本のリードを基板の搭載位置の穴の幅に合わせて直角に曲げます（**図7.15参照**）。

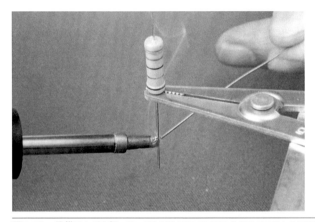

図7.13　予備はんだを行っているところ（※この写真は作業者の正面から撮影しています）

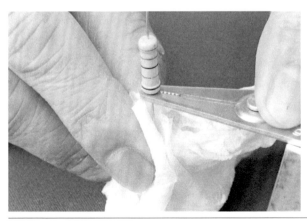

図7.14　リードの拭き取り（※）

このとき、本体部に応力がかからないよう、リードの本体部に近い箇所をリードペンチではさみ（図7.16参照）、本体部から遠い方をつまんで曲げます。こうしないと抵抗のセラミック本体が割れたり、ダイオードのガラス部分が欠けたりする恐れがあります。

基板に部品のリードを挿入は、基本的に基板に密着するように搭載しますが、特に熱に弱い部品などは、図7.17のように基板から浮かせて搭載したり、はんだ付け時にヒートクリップを部品面のリードにクリップして、熱が部品本体部分に伝わらないようにしてはんだ付けする場合があります（図7.18参照）。

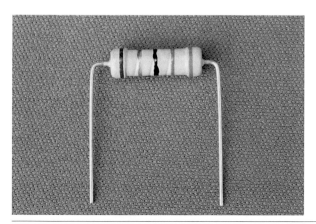

図7.15　リードを曲げた抵抗

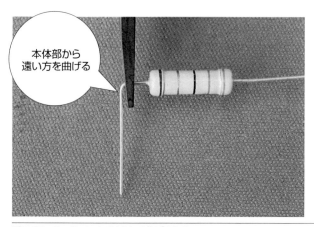

図7.16　リードペンチではさんで曲げる（※）

さらに、**図7.19**のように部品を搭載したら、部品が動かないようにマスキングテープなどを貼り付けて固定します。

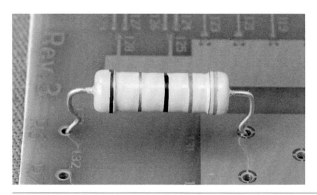

図7.17　部品を基板から浮かせて搭載する

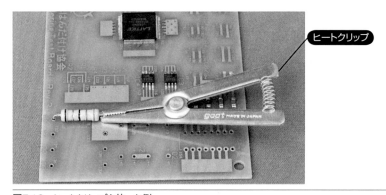

図7.18　ヒートクリップを使った例

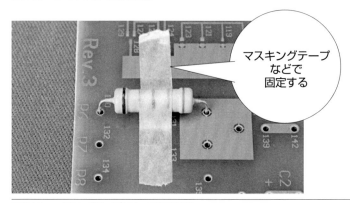

図7.19　マスキングテープによって固定する

(5) はんだ付けの前に行うリードカット

　リードカットは原則としてはんだ付けの前に行います。理由は、はんだ付けが完了した後にリードカットを行うと、ニッパでカットしたときの衝撃が応力としてかかり、はんだ付け部に内部歪みとして残ってしまうからです(直接クラックが発生することもある)。はんだ付け部に応力がかかると、その信頼性はいちじるしく落ちます。

　雑学になりますが、たとえば共晶はんだ(鉛入り)では、はんだ付け後、はんだの内部で鉛が結晶化するのに約100時間かかります。100時間以内であれば、はんだの軟らかさが応力にある程度追従しますが、結晶化が進むと、(はんだは軟らかいので)硬さや脆さが現れて、外部応力に負けてしまいます。

　したがって、あまり信頼性を要求されない場合は、作業性を優先してはんだ付けの後にリードカットを実施するケースがありますが、本来は、はんだ付け前にカットしておくのが正解です。はんだ付け前にリードカットを実施したことを第三者に証明するために、リードの切断面をはんだに濡らしておく、あるいは、仮に後でカットしても内部歪みを逃がすために再溶融して、やはり切断面をはんだに濡らしておく、といった仕上がりを要求されるのはこのためです(図7.20参照)。

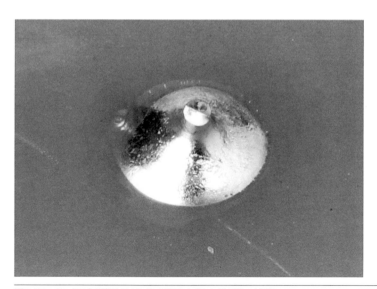

図7.20　リードの切断面をはんだで濡らした(はんだで覆った)例

リードの切断長は、**図7.21**のように、基板面から最小で0.5mm、最大で2.28mm飛び出していることが望ましいとされています。

　また、**図7.22**のように、部品を固定するためにクリンチ（折り曲げ実装）といって、リードを曲げてカットする方法があります。ただし、曲げが困難なリードを無理にクリンチすると、はんだ付け後に曲げが戻ろうとする応力が発生することがあるので、ディップICなどリードの短いものはストレートのまま実装した方がよいと思います。

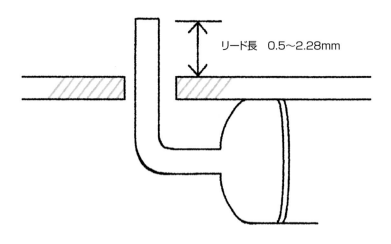

図7.21　リードの長さ

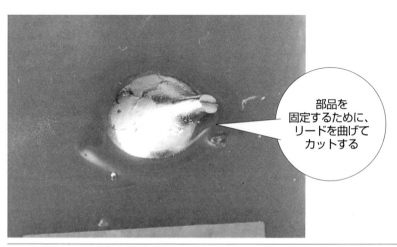

図7.22　クリンチ（折り曲げ実装）の例

(6) はんだ付け作業の手順

　基板を裏返して固定し、はんだ付けを行います。コテ先は、リードとランド(基板面)の両方に接触するように当てます(図7.23~24参照)。

　このはんだ付けの場合も、コテ先とリードやランドの接触するポイントには、熱を伝えるための溶けたはんだが存在する方が熱が効率よく伝わります。

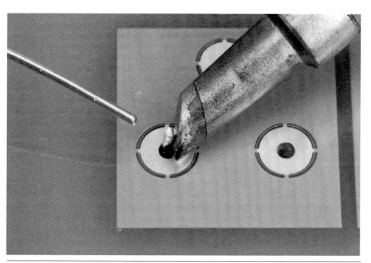

図7.23　C型コテ先の当て方の例(※)

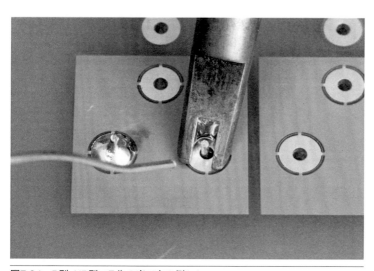

図7.24　R型、NP型コテ先の当て方の例(※)

したがって、図7.25のように、コテ先をはんだ付けしたい箇所にできるだけ近づけておいて、コテ先に少量のはんだを当てて溶かし(図7.26参照)、フラックスが蒸発しないわずかな時間内にコテ先を母材に当てます(図7.27参照)。

熱を伝えるためのはんだが、ランドに濡れ広がり始めたら、ランド面とリードの温度は、はんだの融点より高くなっています。図7.28のように、すぐさま糸はんだを供給してはんだを溶かします。

フィレットが形成される程度の適切なはんだ量を予測して、図7.29

図7.25　コテ先を近づけておく(※)

図7.26　コテ先にはんだを当てて少量溶かす(※)

図7.27　ただちにコテ先を母材に当てる(※)

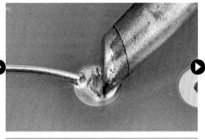
図7.28　糸はんだを供給してはんだを溶かす(※)

図7.29　糸はんだの供給を止める(※)

コテ先は同時に離してはいけない

(※この写真は作業者の正面から撮影しています)

のように、はんだの供給を止めます。このとき、コテ先は、まだ母材から離しません。

　はんだの温度が約250℃で3秒間保たれたことを予想（想像）してコテ先を離脱します（温度は目に見えないので、本当の温度はわかりませんが、ランドへ流れていくはんだや溶けたはんだの挙動から、想像することができます）。

　コテ先を離した後、すぐに動かしてはいけません。はんだが固化するまで動かさないように待ちます。図7.31~32は、良いはんだ付けの例です。

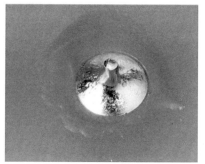

図7.30　コテ先を離脱する（完成したはんだ付け部分）　　図7.31　良いはんだ付けの例（ストレート実装）

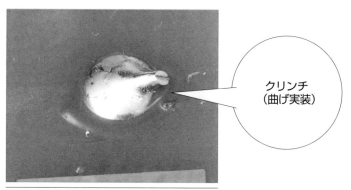

図7.32　良いはんだ付けの例

7-5 フラックスの掃除

　フラックスを塗布しないはんだ付けの場合は、フラックスが完全に活性化した後、樹脂状に固まり、絶縁物としてはんだ付け部の周辺に残渣として残ります。通常、家電品や産業機器向けの製品では、この固形物の清掃は求められません（昔のフラックスは腐食作用があるため洗浄が必須でした）。

　しかし、航空・宇宙や医療の分野では、ほんのわずかな可能性でも誤動作の原因になるかもしれないものは取り除いておく必要があるため、フラックスの残渣を掃除することを求められます。図7.33のように、IPAなどの溶剤と歯ブラシを使って歯磨きのようにブラッシングしてやると、フラックスがIPAに溶け出すので、ウエスやキムワイプなどで拭き取ります（図7.34参照）。何度か繰り返すと、完全にフラックスを除去できます。

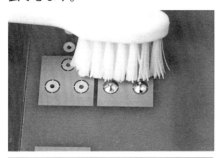

図7.33　歯ブラシとIPAによる掃除

ここがポイント！
高湿度の環境下で外部温度の変化が激しい場合には、残ったフラックスが吸湿して誤動作を引き起こす可能性がゼロとはいえません。

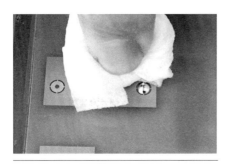

図7.34　ウエスでの拭き取り

はんだ付け不具合の例

(1) はんだ量過多

図7.35のように、はんだ付け部の形状が丸みを帯びて凸状に膨らんでいる場合は、はんだ量が多すぎます。はんだ量が多すぎると、第三者には熱不足状態と見分けがつかないため、NGとして判定します。熱不足の場合、最悪はんだ付け接合部には合金層が形成されておらず、不完全な接合となって、時間の経過とともに接触不良を起こし、発熱したり、スパークして焼けるなどの致命的欠陥になる場合があります。

はんだ量過多の場合、Wickを使って修正することができます。Wickにはんだを染み込ませてはんだを除去し、再度、適量のはんだを供給してはんだ付けを行います。Wickの使用方法は、今まで見てきた使用方法と同じです(**図7.36~37参照**)。

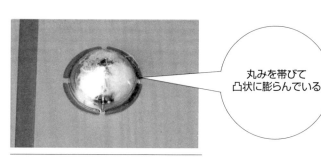

図7.35　はんだ量過多

図7.36　Wickの当て方(※)

図7.37　コテ先の当て方(※)

(2) はんだ量過少

　図7.38のように、リードと基板のランドの間に、フィレットが認められないほど、はんだ量が少ない場合は、はんだ量が少なすぎると判断します。また、図7.39のように、ランドがはんだに濡れていない場合や、ランド面がはんだに濡れているものの、表面が凸凹するほど、はんだが除去されてしまった場合も同様です(図7.40参照)。

　不足したはんだを追加するには、最初にはんだ付けした時と同様、図7.41~43のように、コテ先に熱を伝えるためのはんだを直接当てて少量

図7.38　はんだ量過少(フィレットが認められないもの)

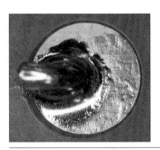

図7.39　はんだ量過少(ランド面が濡れていないもの)

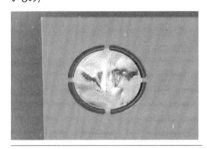

図7.40　はんだ量過少(ランド面の表面が凸凹しているもの)(※)

図7.41　コテ先に糸はんだを少量溶かす(熱を伝えるためのはんだ)(※)

図7.42　コテ先をはんだ付け部に当て、元のはんだが溶け始めたら糸はんだを供給する(※)

図7.43　はんだ量が適量になったら糸はんだの供給を止める(※)

溶かし、すかさずコテ先をはんだ付け部のはんだに当てて、元のはんだを溶かし、はんだが溶けたところで糸はんだを追加供給します。

(3) オーバーヒート

フラックスが活性化している間に、はんだ付け作業が完了しなかった場合は、はんだ表面のフラックス膜が破れ、破れた箇所から酸化が始まります。酸化したはんだの仕上がり表面は、凸凹、ザラザラに変質し、表面は光を乱反射するため白っぽく見えます（図7.44~45参照）。

オーバーヒートしたはんだ付け箇所を修正するには、軽度のものなら、フラックスを塗布して再溶融すれば、フラックスの還元作用で酸化状態が修正されます。重度のオーバーヒートの場合は、はんだ量過多の修正のときと同様、Wickにはんだを染み込ませてはんだを除去し、再度、適量のはんだを供給してはんだ付けを行います。

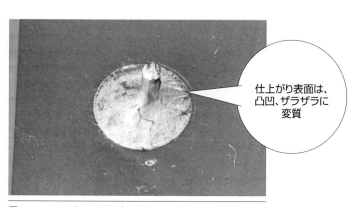

図7.44　オーバーヒート不良の例

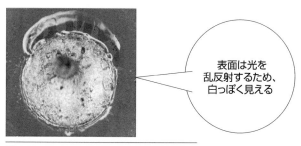

図7.45　オーバーヒート不良の例

（※この写真は作業者の正面から撮影しています）

(4) 熱量不足によるイモはんだ(なじみ不足)

　はんだ付け時の熱量が不足した場合は、図7.46のように、はんだ表面は滑らかでピカッと光りますが、フィレットの形状が、水滴のように膨らんだ丸っぽい形状になります。熱不足の場合は、はんだと電極やランドの間の接合面に合金層が必要な厚さ(2~3μm)形成されていない可能性があります。

　熱量不足によるイモはんだを修正するには、再度ハンダゴテを使って加熱します。熱不足の場合は、フラックスもまだ蒸発していないことが多く、加熱したコテ先を当てるだけで修正できることがありますが、一度は加熱されているので、フラックスが活性化している時間が短くなります。十分な加熱時間を確保するためにも、図7.47のように、フラックスを塗布して、糸はんだを追加せずにはんだ付け部を再加熱した方が修正は容易です(図7.48参照)。

図7.46　熱量不足によるイモはんだ(※)

図7.47　フラックスの塗布

図7.48　加熱したコテ先による再加熱

（5）スルーホールのはんだ上がり不足

　基板ランドへの熱の供給が不十分だと、スルーホール内にはんだが充填されず、十分な接合強度が得られない場合があります（図7.49〜50参照）。

　一度目のはんだ付け作業で、はんだが上がらなかった場合、再度加熱してもスルーホールの壁にフラックスの残渣が固まって残っているため、いくら加熱してやっても修正できないことがほとんどです。この状況を改善するには、図7.51のように部品面側からスルーホールの内側にフラックスを塗布して、はんだ面から加熱を行います（図7.52参照）。

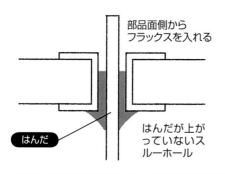

図7.49　スルーホール断面図

ここがポイント！

はんだ面にもフラックスを塗布した方がよい。

はんだ面にもフラックスを塗布する

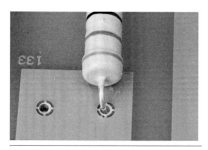

図7.50　部品面から見た、はんだが上がっていないスルーホール

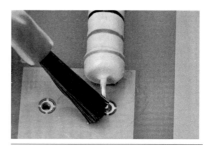

図7.51　部品面からフラックスを塗布する

はんだの上がり不足対策としては、スルーホール内部にあらかじめフラックスを塗布しておくことで、圧倒的に熱を効率的に伝えることのできるR型、NP型コテ先を使用することがあります（図7.53参照）。ただし、フラックスを塗布した場合は、IPAなどによる清掃が必要です。

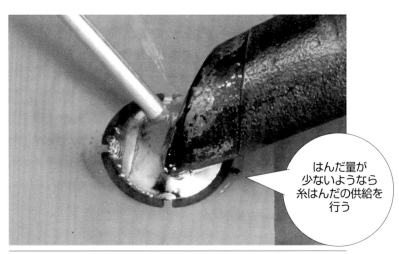

図7.52　はんだ面から加熱

図7.53　R型（NP型）コテ先でのはんだ付け

あとがき

本書では、普段、私(はんだ付け職人)がはんだ付け作業を行う際に、頭の中で考えていることをできるだけ詳しく表現したつもりです。「250℃をどうやってつくり出すか?」「コテ先の熱をどうやって効率よく伝えるか?」というようなことを常に考えながら、はんだ付け作業を行っていることがおわかりいただけたかと思います。スポーツや武道、料理の世界でも同じことが言えると思いますが、「なんのためにこの動作は必要なのか?」を理論的に理解することで、その上達は飛躍的に早まります。

本書をお読みいただいた皆さまは、理論的に「コテ先の選び方」「コテ先をどう当てる」「コテ先の動かし方」などを学ばれました。頭を使いながらはんだ付け作業に取り組んでいただければ、その技術は飛躍的に向上するはずです。世の中には、まだまだはんだ付けに関する誤解や勘違いが多数存在します。正しいはんだ付けの知識を広めていただければ幸いです。

なお、本書の内容に沿って解説した動画を収録したDVD『はんだ付け検定　実技試験対策（100分）』が「ゴッドはんだ」Godhanda（株式会社ノセ精機）より発売されています。より理解を深めたい方はご利用ください。

索引

数・英

360℃の壁	8
D型（マイナスドライバー型）	66
Dサブコネクタ	42
GNDパターン	72
IPC規格	24
JIS位置ずれ基準	94
QFP	84
SOP	84
Wick	75

あ

アキシャル抵抗	122
アルミ基板	65
イモはんだ	72
インデックス	93
ウエス	74
液体フラックス	98
オーバーヒート	79

か

カップ端子のフィレット	56
仮はんだ付け	69
基板	88
基板のスルーホール	120
極性	93
グランドパターン	64
クリンチ	130
高周波ハンダゴテ	65
コテ先選び	10
コテ先のクリーナ	19

さ

サーマルパッド	122
酸化したコテ先の状態	16
酸化の進行	16
酸化膜の除去	17
実体顕微鏡	117
ショート（短絡）	110
スズと銅の合金層	8
積層基板	65
接合原理	8

た

チップ部品	62
窒素ガスフロー式ハンダゴテ	65
ツノ	72
ドットマーク	93

な・は

ニッケル原子	124
はさみはんだ	68
バックフィレット	114
ハンダゴテ	8
ハンダゴテの持ち方	33
はんだ槽	45
はんだ付けの姿勢	32
はんだポット	45
ヒートクリップ	125
ヒートシンク	65
表面実装用チップ抵抗	62

フィレット	22
太目の糸はんだ	18
フラックスの残渣	139
ブリッジ	110
ベーク板	36
母材	10
本はんだ付け	72

ま・や

マスキングテープ	47
ヤニ入り糸はんだ	33
良いコテ先の状態	16
溶融はんだ	36
予熱用プリヒータ	66
より線	27

ら・わ

ラグ端子	22
リード線	22
リード線の被覆	26
ワイプ	74
ワイヤーストリッパ	23

著者略歴

野瀬昌治（のせ まさはる）

株式会社ノセ精機（ゴッドはんだ）代表取締役社長
NPO法人日本はんだ付け協会　理事長

1967年	滋賀県生まれ
1991年	島根大学理学部物理学科固体物理学科卒業
1991年	関西NEC（株）入社
2004年	（株）ノセ精機　代表取締役社長

著　書

- 目で見てわかるはんだ付け作業(Visual Books)（日刊工業新聞社）
- 目で見てわかるはんだ付け作業 - 鉛フリーはんだ編(Visual Books)（日刊工業新聞社）
- 「電子工作」「電子機器修理」が、うまくなるはんだ付けの職人技（技術評論社）
- はんだ付け職人のハンダ付け講座（ブイツーソリューション）
- DVD90分でわかる！本当のはんだ付け作業
- DVD鉛フリーはんだ付け作業　特別講義編
- DVDはんだ付け検定　実技試験対策編
- DVDはんだ付け講座　鉛フリーハンダ「コネクタ・ケーブル特集」
- DVDはんだ付け講座　初級編
- DVDはんだ付け講座　リペア編

【写真撮影】
鈴木志源夫（アクティ）

NDC 566

目で見てわかる
はんだ付け作業の実践テクニック

定価はカバーに表示してあります。

2016年5月25日　初版1刷発行
2025年6月20日　初版5刷発行

Ⓒ著者	野瀬昌治	
発行者	井水　治博	
発行所	日刊工業新聞社	〒103-8548 東京都中央区日本橋小網町14番1号
	書籍編集部	電話 03-5644-7490
	販売・管理部	電話 03-5644-7603　FAX 03-5644-7400
	URL	https://pub.nikkan.co.jp/
	e-mail	info_shuppan@nikkan.tech
	振替口座	00190-2-186076

企画・編集	エム編集事務所
本文デザイン・DTP	志岐デザイン事務所（大山陽子）
本文イラスト	すみひとは
印刷・製本	新日本印刷㈱（POD4）

2016 Printed in Japan　　落丁・乱丁本はお取り替えいたします。
ISBN　978-4-526-07565-0　C3054
本書の無断複写は、著作権法上の例外を除き、禁じられています。